交通中的化学

生活有化学

CHEMISTRY IN
EVERYDAY LIFE

胡杨　吴丹　王凯　陈放　著

U0391608

中国妇女出版社

图书在版编目（CIP）数据

生活有化学 ：交通中的化学 ／ 胡杨等著． -- 北京 ：
中国妇女出版社，2024．9． -- ISBN 978-7-5127-2405-1

Ⅰ．O6-49

中国国家版本馆CIP数据核字第2024939HX5号

责任编辑：朱丽丽
封面设计：付　莉
责任印制：李志国

出版发行：中国妇女出版社
地　　址：北京市东城区史家胡同甲24号　　邮政编码：100010
电　　话：（010）65133160（发行部）　　65133161（邮购）
网　　址：www.womenbooks.cn
邮　　箱：zgfncbs@womenbooks.cn
法律顾问：北京市道可特律师事务所
经　　销：各地新华书店
印　　刷：北京通州皇家印刷厂

开　　本：165mm×235mm　1/16
印　　张：9.25
字　　数：100千字
版　　次：2024年9月第1版　　2024年9月第1次印刷
定　　价：59.80元

如有印装错误，请与发行部联系

推荐序一

作为一名分析化学与纳米化学领域的科研工作者,我深知化学在人类生活中的重要作用。这套书以生活为舞台,化学为线索,为孩子们破解衣、食、住、行中的科学密码,是培养孩子们创新精神和科学素养的优秀读物!作者胡杨博士毕业于清华大学化学工程系,拥有丰富的专业知识和扎实的学术功底。他和他的团队通过这套书,将复杂的化学知识以通俗易懂的方式呈现给孩子们,让孩子们在轻松愉快的阅读中感受化学的魅力。

这套《生活有化学》系列共分为四册,分别围绕衣、食、住、行四个方面展开。通过《衣物中的化学》,我们了解到从树叶、兽皮到人工合成纤维的发展历程,感受到了化学在服饰领域的神奇作用。通过《食物中的化学》,我们认识到食物的变质、口感、颜色等都与化学息息相关。通过《建筑中的化学》,我们看到了化学在建筑材料、环保等方面的应用。而在《交通中的化学》一书中,我们知道了化学在交通工具发展中的重要作用。

以下是我对这套书的四点推荐理由：

一、贴近生活，激发兴趣

这套书将化学原理与日常生活紧密结合，让孩子们在熟悉的事物中感受到化学的魅力。这种贴近生活的讲述方式，有助于激发孩子们对科学的兴趣，培养他们的探索精神。

二、汇聚前沿知识，打开孩子视野，帮孩子从课堂走向未来

时代的发展，从来都不能缺少前沿知识的引领。科技是化学的一种表现形式，也是化学最具价值的应用领域。这套书涵盖了衣、食、住、行等领域，让孩子们在了解化学知识的同时，拓宽视野，增长见识。

比如，《衣物中的化学》带孩子了解了未来永不断电的可以监测人们心率、呼吸、血糖、血氧的智能服装，可以让聋哑人摆脱身体残疾困扰的"既能听又能说的"声感衣服；《食物中的化学》带孩子了解了最新的人造淀粉技术；《建筑中的化学》带孩子展望了人类建筑的未来，如透明的木头、自修复混凝土、3D 打印的月球家园等；《交通中的化学》带孩子了解人类要想走出地球并踏上星际旅行的航程，交通工具方面需要做的准备等。

三、通俗易懂，寓教于乐

这套书运用生动的语言、丰富的案例、有趣的科普插图，将复杂的化学知识讲解得通俗易懂。孩子们在轻松愉快的阅读过程

中，不知不觉地掌握了化学知识。

四、培养科学思维，提高创新能力

这套书不仅科普了化学知识，还培养了孩子们的科学思维和创新能力。这对于他们未来的成长和发展具有重要意义。

总之，《生活有化学》是一套优秀的科普作品。我相信，它将引领广大青少年读者踏入科学的殿堂，激发他们对化学的无限热爱。我衷心期望这套书能够得到大家的喜爱，将科学的种子播撒到更多读者的心田，激励更多孩子热爱科学，为我国的科技进步贡献力量。

陈春英

中国科学院院士

分析化学与纳米化学专家

2024 年 6 月

推荐序二

　　你是否对"化学"这个词感到陌生和遥远呢？每当提到化学，大家脑海中可能会浮现出烧杯、烧瓶、三角瓶等实验室场景和那些看不懂的元素符号。或许你会觉得，化学离我们很遥远，与我们的生活无关。其实，在我们的日常生活中，无论是穿的衣服，吃的食物，住的房子，还是出行的工具，这些我们每天接触的、使用的"东西"都离不开化学，其背后都隐藏着不同的化学奥秘！探寻和揭示生活中的这些奥秘，不仅是一件十分有趣的事情，而且可以对日常生活有更深层级的理解和更高维度的欣赏。

　　《生活有化学》这套书以孩子们的日常生活为主线，通过讲述各种物品的发明故事，揭示其中的化学原理和奥秘。这套书不仅告诉孩子们"这是什么""它是如何变成现在这样的"，还深入浅出地解答了"为什么"这个深层问题。只有这样，孩子们才能真正理解他们身边的世界，而不仅仅是接受一些表象。

　　这套书不仅语言通俗，插图也十分生动有趣，让孩子们在阅读的过程中，既能学到科学知识，又能享受阅读的乐趣。这套书就像一位智慧的老师、一位和善的朋友，带领孩子们走进化学的世界，让他们感受化学的无穷魅力。

如果你是一位家长，这套书将是你送给孩子的一份宝贵礼物。如果你是一位老师，这套书将成为你必备的教学工具。如果你还是一个孩子，那么这套书将是你的知识宝库。无论你是谁，无论你在哪里，只要你对生活充满好奇，对知识渴望了解，那么《生活有化学》都是你不可或缺的一套好书。

孩子是祖国的未来，科普是培养孩子科学素养的关键。科普可以激发孩子们的好奇心，拓宽他们的视野，为未来孩子的成长和社会进步打下坚实基础。孩子们，让我们一起，通过《生活有化学》这把"钥匙"打开化学的大门，探索这个奇妙的世界吧！

清华大学化学工程系教授

博士生导师

2024 年 5 月

推荐序三

　　我们生活中的许多美好，其实都是化学创造的奇迹！

　　化学和生活，有着密不可分的联系。甚至，宇宙生命的起源、我们的日常行为，也都与化学反应息息相关。

　　化学，是自然科学的重要基础学科之一，是一门研究物质性质和结构的科学。它的核心表现，就是物质的生成和消失。

　　现在呈送于大家面前的《生活有化学》系列书，包括《衣物中的化学》《食物中的化学》《建筑中的化学》《交通中的化学》四册。这套书以独特的视角、新颖的形式和细腻的笔触，彰显了日常生活中无处不在的化学身影，揭示了衣、食、住、行背后的化学原理和奥秘。

　　在《衣物中的化学》中，孩子们会惊奇地发现，原来日常穿着的衣物背后，竟然隐藏着如此丰富的化学故事；在《食物中的化学》中，美食的诱惑与化学的神奇完美结合，让人不禁感叹大自然的鬼斧神工；《建筑中的化学》则让孩子们认识到，坚固的高楼大厦、美丽的玻璃幕墙，无不依赖于化学的力量；而《交通中的化学》将让大家感悟到，交通工具的演变、能源的更迭，都离不开化学的推动。

《生活有化学》系列书的主创胡杨博士，毕业于清华大学化学工程系，拥有丰富的专业知识和实践经验。他领衔打造的这套书，如同一把钥匙，打开了孩子们探索化学世界的大门。特别是，书中配合知识点的详细解析，拉近了化学知识与日常生活的距离，让孩子们在掌握科学探究方法的同时，还能更真切地理解以下内容：

——世界上任何物质，哪怕化学成分非常复杂，无非也都是由118种化学元素的若干种组成的。如果是天然的物质，则都是由90种天然存在的化学元素中的若干种所组成。

——从最简单的层面说，元素周期表呈现了宇宙里所有不同种类的物质，其上100多种各具特色的角色（元素）构成了我们能够看见、能够触摸到的一切事物。

——化学结构的特性、化学结构之间的关联度，决定了化合物质为什么会表现出某种化学性质。我们也能够更深刻地认识到，为什么说有三种化学元素对人类文明的演进起到了决定性作用，它们是：支起生命骨架的碳元素，划分历史时代的铁元素，加速科技进步的硅元素。

化学的应用与人类社会的发展密切相连，化学物质可以在很多方面改变和丰富我们的生活，想想诸如石油化工、精细化工、医药化工、日用化学品工业等国家支柱产业的发展。当然，我们同时也应认识到，化学物质如果被误用、滥用，或是不够谨慎小心地使用，也会给我们的生活带来很多不确定性，甚至变得很危险。

用科学的视角看待世界，用化学的力量改变生活。

是为序。

尹传红

科普时报社社长

中国科普作家协会副理事长

2024 年 8 月

推荐序四

　　很高兴拜读胡杨博士团队精心打造的这套科普作品——《生活有化学》。这套书不仅传递了"化学使人类生活更美好"的理念，还充满了趣味性和积极向上的精神。

　　在这个信息快速传播的时代，我们每个人都应该具备自我发展的能力、深入思考的素养和灵活运用媒介的本领。这套图书用浅显易懂的语言、生动有趣的手绘插图、简单明了的术语和引人入胜的逻辑，向我们展示了化学世界的魅力，堪称科普读物中的佳作。

　　生命在于不断探索和成长，不仅是身体的成长，还包括思想意识的主动建构。《生活有化学》系列图书恰好满足了孩子们探索未知的好奇心。书中提出了许多有趣的问题，比如：人类对于光鲜衣服的需求起源于什么？有引发思考的问题：最环保的建筑方式竟然是我们认为不环保的砍树盖房？还有人生哲理的智慧启发：年少时，洞悉万事万物之运行规律；年长时，悟透人间百态之发展逻辑！

　　培养深度思维能力是人类文明进步与儿童成长互动的一种

形式，无思维不成长。《生活有化学》系列图书围绕问题的提出、科学探索、人类社会实践和化工技术进步展开，充满了创新的研究设想、新奇的研究过程和意想不到的应用成果，极大地提升了读者的研究素养。

　　培养孩子的阅读能力，媒介素养至关重要。这套图书通过迷思议题的导读方式，引导孩子们在认知冲突中带着问题去阅读，有效提升了阅读效率和探究教育的价值。书中将很多晦涩难懂的专业术语通俗化、形象化、拟人化处理，运用了知识可视化脑科学原理，让深奥的科学术语与生活常识融合得毫无违和感。例如，用能源的"产出—使用"基本均衡的完整封闭能量系统来表述"碳中和"，用自由生长的金属锂晶体并不会恢复成原本制造电池时的那种规整的形状来讲"锂枝晶"，让深奥的科学知识变得亲切易懂。

　　我们的基础教育鼓励化学教学从表面的探究走向深层次的思维，《生活有化学》系列图书正是这样一部佳作。它通过丰富的案例和层层递进的逻辑，引领读者从生活的宏观世界走向科学的微观世界，实现了从化学教学到化学教育的转变。

　　感谢胡杨博士团队的倾情奉献！

李建襄

北京市第八十中学化学特级教师

2024 年 7 月

 自　序

　　2021 年 9 月，我们团队出版了第一套化学科普书《万物有化学》，这套书让我们团队与孩子们结下了不解之缘。凭借着通俗易懂的语言及生动精彩的插图，这套书迅速在青少年中流行起来，并好评不断。我记得有个小读者跟我说，他和同学们在学校经常一起谈论科学知识，并且各自展示和比拼已经掌握的知识点，而《万物有化学》则成为他们能够看懂和吸收科学知识的非常重要的宝库。

　　化学与我们的生活息息相关，"热爱生活"应该成为我们每一个人具有的情怀与品质，并且只有热爱生活的人才有可能在未来营造出幸福的人生。因此，培养孩子热爱生活的品质就成为我们撰写这套《生活有化学》系列科普书的起点与动力。

　　日常生活里看似平淡的"衣、食、住、行"，实则蕴含着丰富的化学知识：人类对衣物的追求起源于古人利用树叶与兽皮遮体的想法，而现代的各种制衣材料也同样受到这两种天然材质的启发；我们品尝的美味食物带给我们的愉悦不光来自味觉，也来自触觉的感官体验，毕竟"酸、甜、苦、辣、咸"中隐藏着一个非味觉的饮食体验，也就是"辣"；人类利用玻璃、水泥等现代

建筑材料盖起了一座座摩天大楼，但出乎意料的是，最环保的建筑方式之一却依然是我们认为最不环保的砍树盖房；汽车不但可以利用石油中提炼的柴油作为动力来源，还可以"吃掉"人类餐饮行业产生的地沟油来为自身提供动力。这些在日常生活中已经存在的神奇事例，如果我们没有一双科学的"慧眼"是很难发现和理解的，而《生活有化学》这套书就可以帮助我们成就这一双双科学"慧眼"。

作为传播科学的使者，我们只希望孩子们不要只是生活的迷茫经历者，而是成为生活的智者。年少时，洞察万事万物的运行规律；待到年长时，则能悟透人间百态的发展逻辑。

这样的人生才能达到幸福、智慧与通透。

胡 杨

2024 年 4 月 8 日

目　录

3　汽车发展的第二个里程碑

6 踏上"流浪"宇宙的征途

1

人吃油，交通设备也"吃"油

人类和交通设备"吃"油都是为了给自身提供能量，不过油与油之间却天差地别。

生活中，吃肉比吃菜往往更解馋，其中一个原因就是肉食的含油量更高，也就是俗话说的有"油水"。我们人类为了方便出行，发明了各式各样的现代化交通工具（如汽车、飞机等），这些交通工具的高速运行也同样需要"吃掉"大量的油来作为动力。因此，当机器缺少动力的时候需要加油，而人在疲惫不堪、没精神的时候，也可以对他说一声"加油"！

不过，人们吃的油和交通设备"吃"的油可完全不同。从化学结构的角度来说，人们吃的油为甘油和脂肪酸形成的甘油三酯类物质，它们来自动物脂肪或者植物油脂；而交通工具所消耗的油则是由碳元素和氢元素组成的烃类物质，这些烃类物质来自石油。

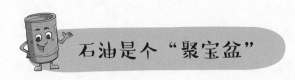

石油是个"聚宝盆"

石油，顾名思义，就是埋藏在地下岩石孔隙中的深色油状物质。虽然它外观并不起眼，但它却是人类社会发展的重要能源之一。

石油是由多种烃类化合物组成的混合物，也就是说，石油中蕴含着不同数量碳原子和氢原子组成的烃类物质。我们在《建筑中的化学》第5章中讲过，烃类物质随着分子中碳原子数量的增加，它的熔点和沸点通常会逐渐上升。不同熔点和沸点的烃类化合物会成为不同交通工具的"食物"。因此，炼制石油的主要方法就是将其开采出来后进行常压加热蒸馏，在不同温度下收集相应的馏分，我们也就依次得到了汽油（40～150℃得到的馏分）、煤油（150～300℃得到的馏分）、柴油（200～350℃得到的馏分）和重油（常压蒸馏后的剩余石油）。

中国是石油消费和进口大国，每年消耗石油超过 7 亿吨。石油不仅被提炼成汽油、煤油、柴油等燃料，还是制作纤维服装、塑料、橡胶、洗涤产品和农药的原材料，我们生活的方方面面几乎都有石油的身影。我国早在西周时期的《易经》中就有关于石油的记载，只不过当时古人称之为"石漆"。到了北宋时期，大科学家沈括在他的著作《梦溪笔谈》中描述石油"颇似淳漆，燃之如麻"。沈括不仅正式提出了"石油"这个概念，还将石油的用途和物性进行了详细介绍，这些都体现了中国古人超前的科学素养与能力。

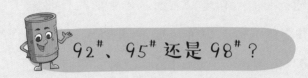

92#、95# 还是 98#？

为汽车添加汽油，这对大多数人来说都不是什么新鲜事，但为什么当我们在加油站添加汽油的时候，总会面临汽油牌号的选择？我们到底是应该在汽车中添加 92#、95#、98#，还是其他牌号的汽油？它们有什么不一样吗？

其实汽油的不同牌号并不代表这些汽油的纯度，而是反映了汽油质量的优劣。上面我们已经讲了，石油是一种混合物，通过炼制得到的汽油、煤油、柴油依然是混合物。混合物就意味着汽油中含有多种成分，而每一种成分在汽车发动机内的燃烧状态是不同的。

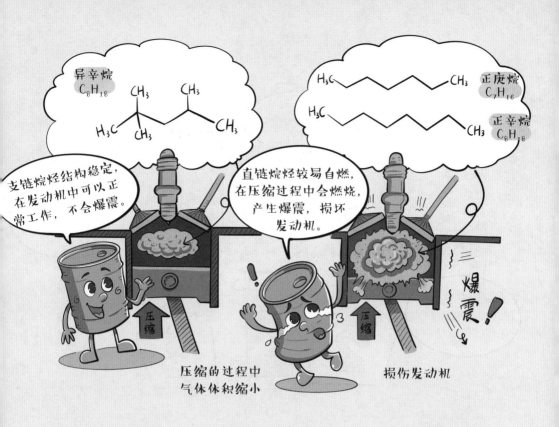

当汽油被喷入发动机燃烧室后，首先会经历一个被压缩的过程。此时，汽油的体积减小，而温度和压力会不断升高。压缩后的汽油通过火花塞点火，进而燃烧起来，推动发动机工作。可问题是，汽油中的组分包括直链烷烃和支链烷烃两大类，例如正辛烷和异辛烷，虽然它们的化学式都为 C_8H_{18}，但它们在高温高压条件下的稳定性却截然不同。支链烷烃结构稳定，而直链烷烃却较易自燃。因此，当汽油在燃烧室被压缩后，正辛烷、正庚烷（C_7H_{16}）这类直链烷烃还没等火花塞点火，就有可能发生自燃。这也就意味着汽油在不该燃烧的时候发生了燃烧，这种"错误"燃烧会产生爆震现象。爆震不仅极大降低了发动机的燃烧效率，还可能导致发动机气缸和活塞的损坏。因此，爆震越小的汽油品质就越好。

因此，人们用辛烷值来对汽油的抗爆震性能进行描述：由于正庚烷较易自燃，造成爆震现象，故将正庚烷的辛烷值定为0；而异辛烷的爆震现象较小，因此将其辛烷值规定为100。这样，我们就可以理解，加油站中的92#汽油就代表着这种汽油的爆震程度相当于92% 异辛烷和8% 正庚烷所组成的混合液燃烧时的爆震程度。辛烷值越高的汽油品质也就越好，因此，高档汽车通常需要加入98#汽油。如果错误地使用了92#汽油，高档汽车的发动机就极易由于爆震而受到不可逆的损伤。

含铅汽油，完美但是有毒

在 20 世纪初，汽车发展的起步阶段，人们就已经意识到汽油燃烧会产生爆震现象。1916 年，冰箱制冷剂——氟利昂的发明者，美国化学家小托马斯·米奇利，受邀寻找汽油爆震的解决方案。

由于当时的石油炼化产业还无法实现汽油的精制，人们希望可以在汽油中少量添加一种助剂来有效降低燃烧时的爆震。米奇利在试验了一百多种可能的助剂后，最终发现

四乙基铅是一种完美的抗爆震添加剂。这种价格低廉、带有水果香味的无色黏性液体非常容易溶于汽油，并且四乙基铅分子结构不稳定，在汽油燃烧时就可将其分解，不会残留于发动机中。经过试验，在一加仑（约3.8升）的汽油中只需加入几克四乙基铅，就有非常好的抗爆震效果。基于米奇利的发现，短短15个月后，美国通用汽车公司和美国标准石油公司就共同推出了含有四乙基铅的抗爆震汽油，我们称之为"含铅汽油"。

但问题是，四乙基铅本身是一种剧毒物质，人体皮肤会直接吸收并导致中毒。四乙基铅在发动机内燃烧后还会排放出大量的含铅尾气，人体吸入这些尾气也会导致铅在人体内的缓慢积累，并引发慢性肾脏、心血管系统和神经系统疾病。据测算，过去每年因含铅汽油导致的死亡和儿童智力受损人数一度高达120万人。

随着石油炼化水平的不断提升，通过炼化过程的精制就可以解决汽油的爆震问题，因此我国在2000年就开始全面推广无铅汽油。到2021年7月，随着阿尔及利亚停止供应含铅汽油，全世界正式终结了这种有毒汽油近100年的使用历史。

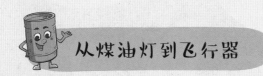

从煤油灯到飞行器

作为石化能源的"三兄弟"（汽油、煤油、柴油），煤油在日常生活中的存在感并不算太强，只有年纪大一些的人可能才会对煤油比较熟悉——在电灯还不普及的年代，一些人家的夜间照明要依靠煤油灯。

作为机动车的两个大类，汽油车和柴油车已经十分普及，而煤油既没有汽油的轻便，又不如柴油具有较高的热值，因此在机动车领域，"毫无优势"的煤油处境确实略显尴尬。不过，凡事都具有两面性，在机动车上无法施展拳脚的煤油，却在航空航天领域大放异彩，因为喷气式飞机和航天火箭都是使用煤油作为动力燃料。

石化能源"三兄弟"

　　我们都知道，无论是飞机还是火箭，都需要在高空甚至太空进行飞行。而动力是高速飞行的基础，也就是说，飞行器所携带的燃料需要具有较高的热值。前面讲了，在石油提取中，煤油的提取温度介于汽油和柴油之间，也就是说，组成煤油的烃类物质的分子质量也是介于汽油和柴油之间的。而分子质量越高的烃类物质，燃烧起来的热值就越大，能够给飞行器提供的动力也就越足。但为什么不用柴油作为飞行器燃料而使用煤油呢？这里还有一个关键问题，那就是高空环境是十分寒冷的。由于柴油分子质量过高，在低温环境下会变得黏稠甚至凝固，就像水变成了冰一样。因此，具有较高热值同时又不会在低温环境下黏稠凝固的煤油便成了飞行器燃料的首选。

目前，无论是军用飞机还是民用飞机，都使用航空煤油作为燃料。同时，苏联制造的人类首个运载火箭"东方号"、美国运送航天员阿姆斯特朗登上月球的"土星五号"火箭、美国SpaceX公司研发的可以重复使用的运载火箭"猎鹰九号"，以及我国运送空间站舱段的"长征五号B"运载火箭，都是使用煤油作为动力燃料的。

随着航空航天领域对煤油需求量的不断增大，我国科研院所在不懈努力下，终于研发出了"煤制煤油"技术，并完成了工业化生产，为我国航空航天的能源安全提供了有力支撑。此外，清华大学还研发出了利用二氧化碳制备航空煤油的新技术。这项技术在未来不但可以解决航空航天领域的燃料来源问题，还可以"变废为宝"，有效减少二氧化碳排放所带来的温室效应，进而实现航空煤油的纯绿色化生产。

"长征五号B"
运载火箭

"土星五号"
火箭

"东方号"
运载火箭

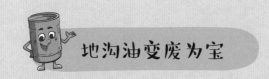

地沟油变废为宝

　　虽然食用油和石油提炼油是完全不同的化学物质，但食用油并非不能作为燃料物质来使用。在柴油引擎发明之初的1900年，当时石油工业刚刚起步，德国发明家鲁道夫·狄塞尔就尝试使用我们平常吃的花生油作为柴油发动机的燃料。但花生油成本太高，随着石油工业的快速发展，花生油便被石化柴油快速取代了。

　　其实，花生油作为柴油发动机的燃料还有一个重大缺陷，那就是其黏度太大。柴油发动机虽然与汽油发动机在点火方式上有

所不同，但它们有一点是类似的，那就是油品进入燃烧室时都需要被喷射成雾状，因为雾状的油滴更容易被点燃，且燃烧也更充分。但是当油品黏度过高时，喷射成雾状就成为一种奢望，因此，即便是花生油的价格可以降到与柴油比肩，但以花生油作为燃料的柴油发动机也很难展现出优异的动力性能。

既然食用油作为燃料的最大弊端在于黏度，那么我们只要通过化学反应来降低黏度，食用油依然可以变身为柴油替代物。前面我们已经提到，食用油是甘油和脂肪酸形成的甘油三酯类物质，而黏度大的问题就出在甘油身上。甘油分子是一种含有3个羟基的多元醇类物质，而每个羟基都可以与一个脂肪酸分子结合，也就是说1个甘油三酯分子包含1个甘油分子和3个脂肪酸分子，这种大体积的分子会展现出较高的黏度。因此，科学家们想到了只含有一个羟基且体积最小的醇类物质——甲醇。通过酯交换反应，3 个甲醇分子可以共同将 1 个甘油分子替换掉，每个甲醇分子分别与 1 个脂肪酸分子结合，这样 1 个甘油三酯分子就会转化成为 3 个脂肪酸甲酯分子。由于脂肪酸甲酯分子的体积很小，黏度也很低，因此就非常适合作为柴油的替代物来进行燃烧。这种由生物油脂通过化学反应而转变成的类柴油燃料被称为生物柴油。

　　生物柴油的原料来源非常广泛，花生油、菜籽油、大豆油、棉籽油、棕榈油及动物油脂等，都可以用来转化为生物柴油。更

重要的是，我们日常饮食中产生的餐饮废油（也被称为"地沟油"）也是很好的生物柴油原料。当然，生物柴油的分子结构依然与真正的柴油差别巨大，所以生物柴油一般是和普通柴油混合使用。据统计，全世界每年产生的地沟油高达 1500 万吨以上，如果全部转化为生物柴油，这将是一项可观的"绿色能源"来源。

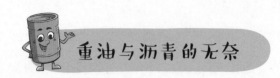

重油与沥青的无奈

石油经过常压蒸馏提取后，剩下的就是重油了。

重油也是一种重要的燃料，不过一般的交通工具无法利用，因为要让黏度很大的重油燃烧起来十分困难。因此，重油主要作为钢铁厂及大型船舶（例如航空母舰）的燃料使用。但是，相比于重油的产量，这些应用仍无法将所有重油都消耗掉。

近年来，重油的有效利用成为各国石油行业发展的重要方向，也是对未来国家能源安全的重要保障。想要有效利用重油，就需要将其分子结构打断，从而让较大的重油分子变为较小的汽油、煤油和柴油分子。这个时候，催化裂化催化剂就隆重登场了。

沸石是一种天然多孔矿物，它就是一种良好的催化裂化催化剂。沸石的形状就好比一个肚子很大，但是开口很小的笼子，重油分子首先进入笼子里面进行催化裂化反应，由于生成的汽油、柴油等产物分子较小，可以顺利从笼子口逸出，成为成品。而如果在催化过程中发生了副反应，生成了分子量更大的物质，这些副产物则会因为自身的体积比分子筛笼子的出口还要大而无法逸出。这种模式使得沸石具有非常好的抑制副产物的高选择性。

但是，天然的沸石催化剂还是有缺陷：孔洞太小了。

根据催化裂化的原理我们就可以知道，只有比催化剂孔径小的重油分子才可以经历催化裂化反应。但是，沸石的孔径都是小于1纳米的微孔，也就是说，分子尺寸大于孔径的重油分子便无法进入沸石内部，因而无法实现催化裂化，大大抑制了重油的有效利用。此时，人工合成的有序介孔材料登上了历史舞台。这种材料具有类似蜂窝的孔道结构，其孔径在 2 ~ 50 纳米。这个尺寸的孔道已经足够大，可以让一些有机大分子甚至是生物高分子通过，因此，通过重油分子已经不在话下。有序介孔材料催化剂的使用将会大大提高石油炼制过程中重油的使用率，预计在全国推广后，每年可增产约 150 万吨高质量油品，产生巨大的经济效益。

石油已经成为现代化社会发展的最基础能源，而生物油脂也可以通过化学工业转变为石油产品的替代物，从而打通了生物油脂与石油油品之间的界限与隔阂。"加油"二字，不但展现了工业向前发展的不竭动力，也给予了人们更多开拓进取的精神力量。

思考一下

1. 我国古代哪部科学著作正式提出了 "石油" 这个概念？

2. 从分子结构的角度来看，生物柴油和普通柴油有什么区别呢？

3. 为了进一步提升重油的有效利用，科学家们发明了哪种催化裂化催化剂？

2

为了舒适地远行

人类社会的高速运转离不开以石油为基础的能源驱动，而交通工具的平稳运行则需要"脚踏实地"。

在上一章中，我们了解到人类社会的高速运转离不开以石油为基础的能源驱动，但是，想要让这些在陆地上奔跑的交通工具平稳运行，那就得先让它们安稳地"脚踏实地"。

车轮，是人类的伟大发明。但是，在人类的文明还处于对车这种交通工具进行无限遐想的时代，人们甚至都拿不准车轮应该是什么形状，方形的车轮也曾是古人尝试的方向。但当人们怀着

木制轮子

相比于马车，坐在由轿夫们抬着的轿子里，也能避免木制轮子带来的颠簸。

古代车辆使用的木制或铁制轮子刚性大、韧性低、没有减震系统，所以坐起来太颠簸了。

对于古代的帝王来说，乘船远行比坐马车平稳舒适多了。

崇拜的目光看向天上的日月时，完美的圆形给了人类终极答案。木制与铁制的轮子曾经是古代车轮的主流，但是木材与铁的刚性大、韧性低，而且车辆又没有减震系统。在路况较差的古代社会，颠簸震荡的乘车过程真的无法给予旅行舒适的体验和愉快的记忆，这也是为什么古代皇帝远行时更倾向于乘坐轿子。毕竟，坐着由36个人抬着的玉辂（一种轿子）必定更加平稳舒适。当然，对于更懂得享受的帝王来说，沿着运河坐船下江南，更是将古代帝王的奢靡生活和对生活品质的极致享受体现得淋漓尽致。

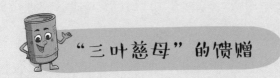

"三叶慈母"的馈赠

直到近代工业革命兴起，橡胶充气轮胎的出现大大提高了人们乘坐车辆出行的舒适度。

早在 15 世纪，哥伦布航海探险时，他就在海地岛上看到当地人在玩一种有很高弹性的球，这种玩具球其实就是用天然橡胶

制成的。只是在当时，哥伦布并没有意识到这种神奇的天然材料会极大地改变人类生活。

　　天然橡胶来自原产于巴西热带雨林的巴西橡胶树，这种树的每个叶柄上通常长有三片叶子，因此也被称为"三叶橡胶树"。只要在树干上划一道口子，奶白色的天然胶乳就会逐渐渗出，这就是制作天然橡胶的原料。天然胶乳是一种类似牛奶的物质，在材料学上属于乳浊液。乳浊液就是将不溶于水的物质通过稳定剂实现在水中的稳定分散，例如，牛奶中含有大量不溶于水的营养物质，依靠蛋白质稳定地"悬浮"在水中，而天然胶乳同样是依

靠蛋白质将不溶于水的橡胶颗粒稳定地"悬浮"在水中。由于乳浊液中被分散物质的颗粒尺寸都在亚微米级别，对光具有强烈的散射作用，因此乳浊液呈现奶白色。当天然胶乳中加入甲酸时，胶乳的稳定性被破坏，天然橡胶的胶团就会析出并沉降，这样我们就得到了柔软的天然橡胶。

　　由于橡胶树原产于南美洲，欧洲人在发现新大陆后很快就掌握并垄断了天然橡胶资源。随着西方工业革命兴起，天然橡胶制品已经被广泛应用于轮胎、胶管、密封减震器材、医疗用品，甚至是武器制造。中国由于没有掌握橡胶树的资源而难以发展橡胶产业，只能依赖国外进口。"一片橡胶叶、一节橡胶芽都不许带到中国",这曾经是西方对中国橡胶资源管控的口号,而在中国本土种植橡胶树则成为无数中国人前赴后继努力的目标。1902 年,秘鲁华侨曾金城克服重重阻碍,终于从马来西亚带回了第一批橡胶苗,并在同样为热带气候的海南岛开始了培育和种植,开启了我国橡胶树种植的新纪元。现在的海南岛已经拥有了 800 万亩天然橡胶林,并把橡胶种植延伸到了云南、广东等地。一棵七八年的橡胶树就可以开始割胶,此后每 4 天割一刀,可以连续 30 年为人类奉献它的"汁液"。树身上重重的刀痕见证了橡胶树为人类的富足生活所承受的牺牲,因此橡胶树也被当地人亲切地称为"慈母树"。

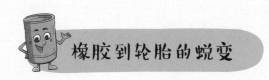

橡胶到轮胎的蜕变

新鲜获取的天然橡胶如同口香糖一般柔软,这种状态实际上是无法制造轮胎的。因此,我们需要通过一些工艺手段来提高天然橡胶的硬度、拉伸强度、回弹性及耐磨性等物理性能。

人们对天然橡胶的第一道改进来自化学交联。在《食物中的化学》第 5 章我们已经了解到,天然橡胶是一种高分子材料,它是由一条条长长的高分子链相互缠绕而成的,而每条高分子链是

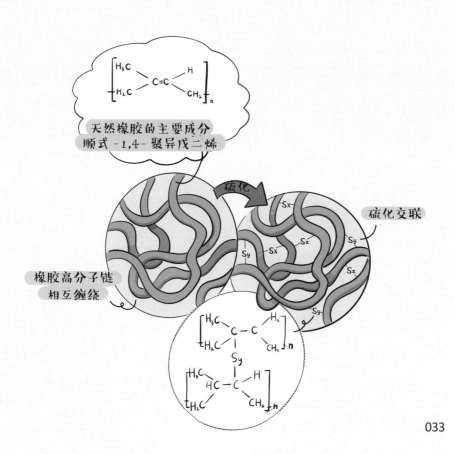

天然橡胶的主要成分
顺式 -1,4- 聚异戊二烯

硫化

硫化交联

橡胶高分子链
相互缠绕

由大量的异戊二烯单体分子以顺式结构的模式聚合而成。从天然橡胶的结构式中我们可以观察到，当异戊二烯相互聚合后，它的每一个高分子重复单元上依然残存着一个碳－碳双键，而这个碳－碳双键就是我们进行化学交联的突破口。如果我们在天然橡胶中加入一定量的硫磺（S_8），硫磺分子就可以与碳－碳双键进行反应，最终在高分子链之间形成大量的多硫键桥梁，使本身相互缠绕却各自独立的高分子链交联成网络结构。我们把硫磺对天然橡胶的化学交联过程称为硫化。随着微观网络的建立，原本柔软的橡胶立刻拥有了硬度和优异的回弹性能。

硫化后的天然橡胶虽然不再柔软，但是作为轮胎的候选材料依然不符合要求。虽然天然橡胶的高分子链已经形成了网络结构，但高分子链之间仍存在大量空隙，致使在微观层面上天然橡胶依然是"疏松"的。这种"疏松"的橡胶无法承受车辆在高速行驶时路面带来的巨大磨损。为了解决这个问题，人们就需要在这些空隙中填补其他材料，以使天然橡胶的整体结构变得更为致密，从而提升其耐磨性。人们发现炭黑就可以解决这个问题。

煤炭是现代人类社会最重要的能源之一，在理论上，煤炭在充分燃烧后生成的是二氧化碳和水，但在缺氧的条件下，煤炭会发生不充分燃烧，产生浓浓的黑烟，这个黑烟就是炭黑粉末。炭黑是一种只由碳元素形成的单质，与同样是碳单质的石墨和金刚石相比，炭黑是非晶体物质，而石墨和金刚石则是晶体物质。在橡胶块体与炭黑粉末进行相互混炼的过程中，非晶态的炭黑颗粒完美地填补了橡胶高分子链之间的空隙。更重要的是，炭黑与天然橡胶的主要组成成分都是碳元素，这就使得橡胶的高分子链对炭黑颗粒具有极好的吸附作用，炭黑颗粒就像刚性胶水一样，把高分子链紧密粘接在一起，大大提升了橡胶轮胎的硬度和耐磨性，使橡胶轮胎真正有了用武之地。

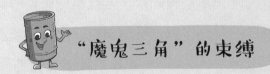

"魔鬼三角"的束缚

橡胶轮胎的使用大大促进了汽车行业的发展。截至 2022 年，全球汽车的保有量已经超过了 14 亿辆。巨量的汽车保有量意味着巨量的轮胎使用，而巨量的轮胎使用则带来了巨大的环保挑战。据统计，全球每年产生的废旧轮胎超过 10 亿条，因轮胎使用磨损而向大气排放的固体颗粒物更是达到了惊人的 2 万吨。因此，人们在享受橡胶轮胎带来出行便利的同时，也不得不考虑如何降低环境的污染。

　　归根结底，降低污染的核心就是要减少废旧轮胎的产生。

　　轮胎报废的主要原因就是磨损，因此提高耐磨性既可以极大延长轮胎的使用寿命，又可以减少因磨损带来的固体颗粒排放，真可谓一举两得。而提高轮胎耐磨性最直接的方法就是进一步增加炭黑的使用量，进而增加轮胎的强度。但问题是，随着炭黑用量的增多，轮胎的硬度的确进一步提高了，但轮胎与地面的接触面积却也在相应减少。接触面积的减少虽然极大降低了轮胎的滚动阻力，使得汽车行驶起来更加省油，从而更加环保，但随之而来的另一个影响则是抗湿滑性能的快速下降，也就是俗话说的"抓地性"差，这样的汽车在下雨天或湿滑路面行驶时更容易打滑失控，造成危险。

　　逐渐地，人们发现了一个奇怪的现象：我们很难同时提高轮胎的耐磨性和抗湿滑性，并同时降低滚动阻力。这三个要素相互制约，形成了一个轮胎性能提升的"怪圈"，人们称之为"魔鬼三角"。

　　为了突破"魔鬼三角"的束缚，人们意识到问题可能出在炭黑填料上。

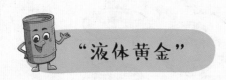

"液体黄金"

在"魔鬼三角"中，滚动阻力和抗湿滑性能就像一对"冤家"，很难既降低滚动阻力，又同时提升抗湿滑性。因此，为了打破这个魔咒，我们必须先在微观层面搞清楚影响轮胎滚动阻力和抗湿滑性能的因素，然后另辟蹊径地找到破解"魔鬼三角"的方法。

　　可能大家在看到"滚动阻力"这个词的时候，脑海中自然而然地会认为滚动阻力就是滚动摩擦力。轮胎的滚动摩擦力当然是滚动阻力的重要来源，例如前面已经讲到随着轮胎的变硬，其与地面的接触面积减小，从而降低了滚动阻力，这里主要降低的就是滚动摩擦力。但是，滚动阻力并不仅限于滚动摩擦力，另一个滚动阻力的重要来源是轮胎由于形变而产生的内部能量损耗，这就是弹性迟滞损失。

　　"弹性迟滞损失"听起来十分复杂，但理解起来并不难。我们知道，橡胶轮胎在滚动行驶的过程中由于承载负重，接触地面的部分就会承受挤压，而离开地面的部分就会放松并反弹。看似这是一个简单的"挤压—反弹"的循环过程，但问题是轮胎在受到挤压后并不能完全恢复到之前未受到挤压时的状态，也就是说，轮胎在经历了一个"挤压—反弹"过程后，有一小部分能量其实是损耗掉了。那这部分能量去了哪里呢？我们细想就会知道，天然橡胶的高分子链在被挤压时会发生相互摩擦，摩擦就会产生热量，因此轮胎在滚动时的部分动能就会不断地转化为橡胶高分子之间的摩擦热量，这部分摩擦热量就是弹性迟滞损失，也是轮胎滚动阻力的另一个重要来源。因此，为了减少轮胎的滚动阻力，并不一定非要通过降低滚动摩擦力来实现，还可以通过降低弹性迟滞损失来达到目的。

科学家们经过大量的研究发现，如果在天然橡胶中用二氧化硅粉末替代炭黑粉末，轮胎的弹性迟滞损失就会显著降低。这

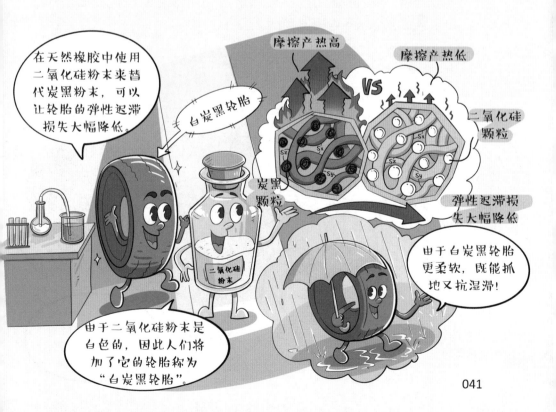

是由于二氧化硅粉末相较于炭黑粉末，其表面更加光滑，并且与橡胶高分子的吸附作用相对较弱，轮胎在形变时，即使高分子链之间发生了相互摩擦，摩擦产生的热量也会大大降低。更为惊喜的是，轮胎内部高分子链之间的摩擦降低，也就意味着轮胎的刚性降低而变得较为柔软，从而不会使轮胎丧失"抓地"性能。这样，我们就既降低了轮胎的滚动阻力，又保持了其抗湿滑性能。由于二氧化硅粉末呈现白色，因此人们也将它亲切地称为"白炭黑"。

可问题又来了，白炭黑轮胎的耐磨性怎么样呢？答案是耐磨性较差，原因有两点：首先，白炭黑与橡胶高分子链的附着力相对较弱，也就是说，白炭黑作为"胶水"对高分子链的黏合作用不够强，导致橡胶网络结构不够稳固，因此耐磨性也就较低；其

次，相比于炭黑，白炭黑在与橡胶混炼的过程中更加难以均匀分散，也就是说，白炭黑通常以大颗粒团簇的形式存在于橡胶中，这造成了橡胶强度的进一步降低。

面对这种窘境，人们便"抛弃"了将橡胶块体与填料粉末直接进行混炼的固态炼胶技术，而是将天然橡胶溶解在溶剂中形成高分子溶液，同时将白炭黑粉末分散于溶剂中形成单一颗粒的分散液，然后再将两种液体进行混合。由于这种液态混合方式打破了白炭黑颗粒的团簇结构，能够让每一个白炭黑颗粒都均匀分布在橡胶高分子链的网络结构中，从而大大增加了白炭黑颗粒对于橡胶高分子网络的粘接点，进而提升了橡胶高分子网络的稳固性，因此，这种液态炼胶技术得到的白炭黑轮胎便具有了优异的耐磨性。

2016 年 3 月，轮胎行业的权威期刑《国际轮胎技术》（*Tire Technology International*）对这种创新的液态炼胶技术进行了封面报道，并称赞这种技术制备的轮胎为"Liquid gold"，也就是"液体黄金"。"液体黄金"技术完美地突破了困扰人们多年的"魔鬼三角"难题，是轮胎行业发展的又一个里程碑！

寻找新的"橡胶慈母"

人类工业的发展使得对天然橡胶的需求越来越大，但是巴西三叶树却只能种植于热带地区，并且这种树极易感染南美叶疫病，使得全球天然橡胶产能提升十分困难。

其实，全球可产生天然橡胶的植物多达 2000 多种。早在 1931 年，苏联科学家在哈萨克斯坦境内首次发现了一种可以产生橡胶的蒲公英类草本植物，从这种植物的根部乳胶管中就可以提取出类似三叶树橡胶的橡胶胶乳。经检测发现，蒲公英橡胶的分子结构、分子量分布，以及其他理化性质与

蒲公英类草本植物和杜仲树有望成为解决我国天然橡胶短缺的有效手段。

蒲公英   杜仲

三叶树橡胶十分相近，并且这种蒲公英植物适合在我国的大部分地区广泛种植，有望成为解决我国天然橡胶短缺的有效途径。

杜仲树则是我国特有的具有药用价值的树种，其分泌的杜仲橡胶也是一种天然橡胶材料。不过杜仲橡胶的主要成分是反式聚异戊二烯，与《食物中的化学》第 5 章中提到的人心果树胶的成分相同。杜仲橡胶相比于三叶树橡胶更加硬而脆，但杜仲橡胶是世界第二大天然橡胶来源，我国拥有非常丰富的杜仲资源。未来将杜仲橡胶开发为特殊的杜仲橡胶轮胎，或者转化为高性能的橡胶材料，是我国橡胶产业布局的重点发展方向。

思考一下

1. 天然橡胶产自于什么植物？

2. "魔鬼三角" 的三个角分别指的是什么？

3. "液体黄金" 指的是什么？

3

汽车发展的第二个
里程碑

如果说汽油车、柴油车是汽车发展历程中的第一个里程碑，那么电动汽车无疑是第二个里程碑。

如果说汽油车和柴油车是汽车发展历程中的第一个里程碑，那么电动汽车无疑是第二个里程碑。从目前中国电动汽车品牌在全球市场的强劲表现中，就可以初见端倪。虽然电力驱动已经成为未来汽车发展方向的普遍共识，但汽车电力的来源模式依然是科学家和工程师们持续探索与革新的关键领域。

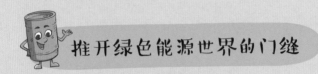

推开绿色能源世界的门缝

　　说起电动汽车与绿色能源，永远都绕不开一个明星元素：锂元素。

　　锂，原子序数为3，位于元素周期表的第二周期第一主族。锂元素是最轻的金属元素，这也造就了金属锂是世界上最轻的金属。质量轻就意味着锂元素作为电池材料，在运送相同数量电荷的时候可以最大程度地减轻电池重量，也就是锂电池的能量密度

高。锂电池的出现带领人们逐渐走入了新能源世界的大门，不过，人们利用锂元素制作电池的时候却经历了两个阶段：锂金属电池和锂离子电池。

我们都知道，电池内部产生电流的根本原因是电池内不断进行的氧化还原反应。在使用锂元素制作电池之初，人们直接用金属锂或者金属锂合金作为电池的负极。电池工作的核心机理是基于锂元素的氧化还原反应，也就是在放电的过程中，金属锂变为+1价的锂离子，而在充电的过程中，锂离子又变回为金属锂。这种电池被称为锂金属电池，简称锂电池。

当人们还沉浸于锂电池研发成功的喜悦中时，现实情况却给了科学家们当头一棒，那就是金属锂作为电池负极隐藏着一个巨大的安全隐患。人们发现，锂电池在充电时，随着锂离子逐渐变

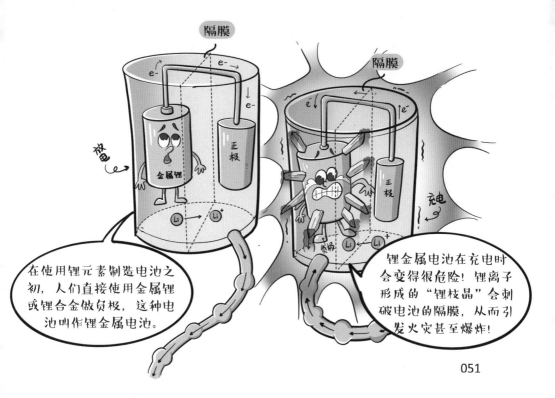

回金属锂晶体，这些自由生长的金属锂晶体并不会恢复成原本制造电池时的那种规整的形状，而是生长为树枝状，被称为"锂枝晶"。锂枝晶本身并不可怕，可怕的是锂枝晶很容易刺破锂电池的隔膜，使隔膜丧失隔离电子传输的作用，进而瞬间释放电池内所储存的所有电能，也就是让电池内的氧化还原反应瞬间完成，并同时生成巨大的电流与放热，从而引发火灾甚至爆炸。因此，锂金属电池是不允许充电的，也就是说锂金属电池是不能重复使用的。

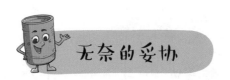

无奈的妥协

不能充电的锂电池有什么用呢？又如何带领人类真正进入新能源时代呢？

无奈之下，为了避免锂枝晶的形成，人们让锂元素只以离子的形式存在于电池中，无论是在正极材料、负极材料还是电解液中，锂离子只负责来回迁移传递电荷，而不参与真正的氧化还原反应，这种退而求其次的电池形式就是锂离子电池。看到这里大家可能就要问了：那锂离子电池中还存在氧化还原反应吗？当然存在，只不过参与氧化还原反应的重担交给了其他的金属元素，这样也就形成了不同正极材料体系的锂离子电池。

在锂离子电池的不同正极材料中，承担氧化还原反应的金属元素是不同的。例如，正极材料钴酸锂、锰酸锂、磷酸铁锂中，发生氧化还原反应的元素分别是钴元素、锰元素和铁元素。而目前综合性能最好的三元锂电池的正极材料为镍钴锰酸锂，其中镍元素和钴元素参与氧化还原反应，而锰元素只起到结构支撑的作用，不直接参与反应。

锂离子电池的负极材料通常为石墨。当电池充电时，锂离子就会从正极迁移至负极，并镶嵌进入石墨的层状结构中。这种镶嵌的过程可以认为是石墨发生了氧化还原反应，生成了六碳化锂。而放电时，锂离子就会从石墨中脱离并迁移回到正极。因

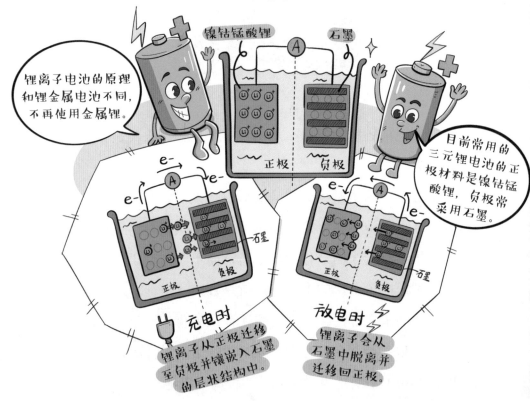

三元锂电池

此，锂离子电池所能储存的能量主要取决于石墨中所能镶嵌的锂离子数量。相比于锂金属电池直接用金属锂作为负极材料，锂离子电池的能量储存能力实际上是大打折扣的。

由此我们知道，锂离子电池只是利用了锂元素轻质的优势来负责电荷的传递，在一定程度上保证了锂离子电池相比于其他类型的传统电池具有较高的能量密度。虽然看上去锂离子电池方案是一种无奈的妥协，但它在运行过程中避免了锂离子还原为金属锂的反应，进而防止了锂枝晶的形成，让锂离子电池可以安全地重复使用。

锂离子电池凭借其相对于传统电池更优越的综合性能，极大地推动了清洁能源发展，引领人类正式跨入了新能源时代的大门。如今，锂金属电池已经全部被淘汰，人们逐渐把锂离子电池简称为"锂电池"，所以，大家一定要明白，现在说的锂电池指的是锂离子电池，而在锂电池发明之初，锂电池通常指的是锂金属电池。鉴于锂电池为人类绿色能源事业作出的突出贡献，2019年诺贝尔化学奖被授予给三位为锂电池的发明、改造和优化作出巨大贡献的科学家。

金属锂还能回来吗？

　　锂离子电池的储存电量取决于负极石墨中所镶嵌的锂离子数量，而对应的锂金属电池的负极则直接就是纯净的金属锂，因此，锂离子电池的电量储存能力远远低于锂金属电池。此外，锂金属作为电池负极，电池的电压更高，重量也更轻，综合性能更加优异。面对这种情况，人们自然不会满足于一个退而求其次的锂离子电池方案成为最终选择。那么人们不禁要问：金属锂到底还能不能在锂电池领域"王者归来"，重新得到应用呢？

答案应该是肯定的，但是解决方式要另辟蹊径。

我们再重新审视一下人类目前所面临的锂电池困境：金属锂之所以不能作为负极材料，是因为在充电过程中易形成锂枝晶，进而扎破隔膜；隔膜的作用是物理隔离液态电解质，防止膈膜两侧的电解液相互混合，进而引发电池短路、起火甚至爆炸。长期以来，人们一直把解决问题的精力聚焦于如何抑制锂枝晶的形成上，这也是最容易想到的解决困境的角度，但很多问题的解决需要跳出旧有的思维框架，从意想不到的角度实现突破。

既然抑制锂枝晶的形成如此困难，那么我们可以换个角度想：如果电池中根本不存在隔膜的话，我们也就不用再担心锂枝晶扎破隔膜了！没错，设计一种不需要隔膜的锂电池就是未来的发展方向。

让电解质停止流动

　　既然要在锂电池中舍弃隔膜，那我们就需要先搞懂隔膜在锂电池中到底起的是什么作用。

　　我们首先要明白，当锂电池给电器供电时，锂电池与电器共同形成了一个电流回路。在这个回路里，电子从锂电池的负极出发，经过电器并最终到达锂电池的正极；而锂离子也从电池的负极出发，只不过是穿梭于电池内部的电解液进而到达正极。由于锂离子携带正电荷，而电子携带负电荷，因此虽然锂离子与电子在电流回路中的流动方向是相反的，但它们所产生的电流却是同向的。在电子与锂离子的运动过程中，电池内部的氧化还原反应不断进行，此时，由于电子源源不断地从电器中流过，就会给电器提供持续的电流来维持其正常运转。

　　这个过程看似顺理成章，但大家有没有意识到一个似乎不合常理的现象？那就是电子为什么不能像锂离子一样在电池内部运动，而必须从电池外穿过电器到达正极呢？这就是隔膜的作用。隔膜是一种多孔高分子膜，其孔洞可以让锂离子自由穿过，但是会阻止电解液中的阴离子流动，进而阻止电子交换，再加上隔膜本身并不导电，因此电子是无法通过隔膜的。此时，电子只有通过外部电路（也就是电器设备）运动到正极，这也就保证了电池的电能都释放给了外部电器，而不是在电池内部自己消耗掉了。

　　既然隔膜是用来阻止电解液中的电子流动的，那么如果直接让电解液停止流动，也就是将液态电解质变为固态电解质，那么隔膜就自然不再需要了。这时，一种新的锂电池模式——固态锂电池就出现了。

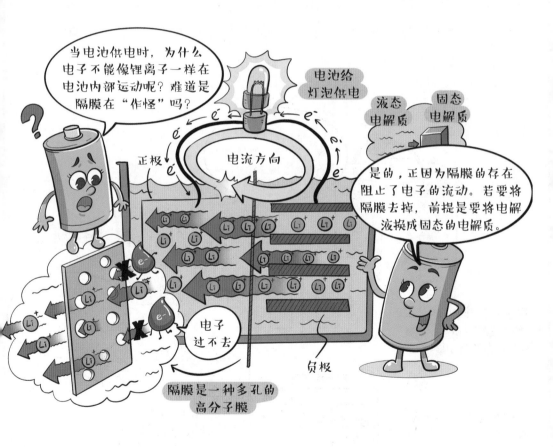

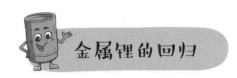
金属锂的回归

固态锂电池将会是锂电池发展历程中的第三次革命。

固态锂电池中的固态电解质保留了锂离子的传导功能，其本身既不能传递电子，又失去了流动性，也就是说，不会因为电解质流动而产生电子交换。因此，即使不使用隔膜，固态电解质也不会发生电池短路。

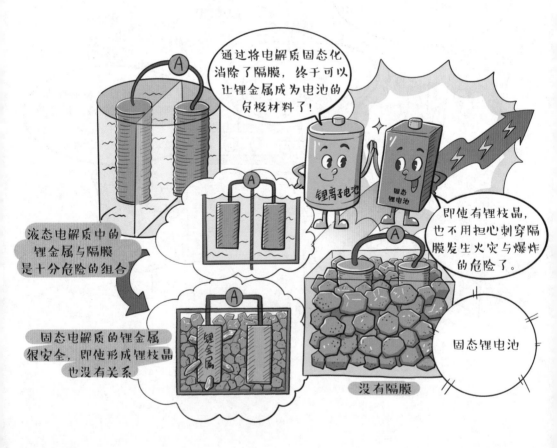

绕了一大圈，我们终于通过将电解质固态化消除了隔膜的使用，那么我们也就可以让金属锂回归，成为电池的负极材料，从而将金属锂能量密度的优势发挥到极致。此时，即便金属锂依然会在使用时形成锂枝晶，也不会再产生任何安全风险。当然话又说回来，科学家们依然进行着科学研究，尽可能寻找到有效抑制锂枝晶形成的方法。

　　但科技的发展不会一帆风顺，随着电解质从液态变为固态，随之又会产生另一个较为棘手的问题。我们知道，在传统的锂离子电池中，电极是浸泡在液态电解质中的，它们之间的接触是充

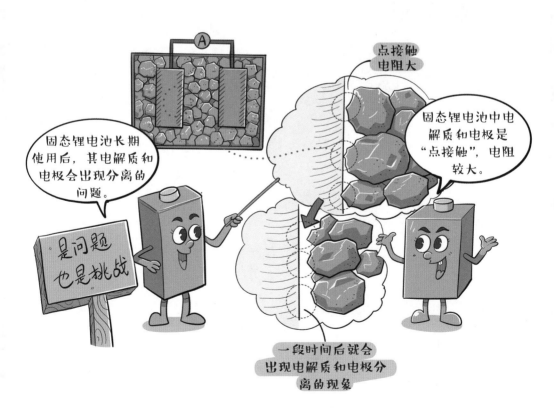

固态锂电池长期使用后，其电解质和电极会出现分离的问题。

是问题也是挑战

点接触电阻大

固态锂电池中电解质和电极是"点接触"，电阻较大。

一段时间后就会出现电解质和电极分离的现象

分的；而当电解质变为固态后，电极与固态电解质颗粒之间的接触就变成了点接触，这种接触方式是不充分的接触，会造成电极与电解质之间产生较大的电阻，长期使用后甚至可能造成电解质与电极的分离，这对电池的循环寿命构成了挑战，从而限制了固态锂电池的推广与应用。

但是，固态锂电池的优势实在是太大了。除了拥有非常高的能量密度外，更重要的是，固态锂电池不再需要易燃的有机溶剂来溶解电解质，这极大地提升了锂电池的安全性。因此，无论固态锂电池还存在怎样的技术问题，它成为高能量密度、高安全性的下一代锂电池的潜力已经得到了确认，并在全世界范围内掀起了研发与商业化的浪潮。

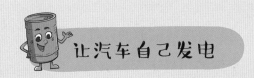

让汽车自己发电

虽然目前电动汽车的动力核心是锂电池，但锂电池只能储存外部充电时得到的电力，自身并不能产生电力。这引发了人们的另一个思考：如果有一种电池可以源源不断地自我产生电力，而不依靠外部充电，那么电动汽车的续航里程将会有革命性的突破。

我们已经知道，电池本质上就是一个氧化还原反应的小小反应器，而能量物质（例如汽油、柴油）的燃烧同样是氧化还原反

氢氧燃料电池原理

$2H_2 + O_2 \rightarrow 2H_2O$

应，那么我们能否将能量物质的燃烧反应通过电池来实现呢？

当然可以，这就是燃料电池的原理。

如果我们在电池的负极中充满氢气，在电池的正极中充满氧气，当在正极和负极上使用合适的催化剂时，氢气就会失去电子变为氢离子（H^+），而氧气就会得到电子变为氢氧根离子（OH^-）。随着氢离子和氢氧根离子在电解质中相互中和，形成水（H_2O），电子也同时会在外电路穿过电器，从负极流向正极，进而给电器供电，这就是氢氧燃料电池的工作原理。如果大家思考一下就会发现，氢氧燃料电池的基础反应正是氢气与氧气燃烧生成水的反应（$2H_2+O_2=2H_2O$）。

通过在汽车上使用氢氧燃料电池技术，汽车通过"燃烧"氢气产生电能来驱动自身前进，这种模式让电动汽车既保持了电力驱动的特征，同时又拥有了类似传统汽油车、柴油车的能源供应模式，让电动汽车的"长时间充电"转换成为"短时间氢气加注"，大大提升了电动汽车的便利性。因此，氢气将成为电动汽车更加绿色且强劲的清洁能源。

锂元素的利用开启了人类绿色能源事业，也开启了汽车发展的二次革命。美国特斯拉公司的创始人马斯克曾评价道："锂资源就是新石油。"但是，锂元素毕竟在地球上的储量有限，先天的不足使得锂元素注定成为过渡者。

面向未来，人类已经在尝试将更为常见的钠元素制作成钠离子电池，以应对锂资源不足的困境，同时考虑让甲醇这种更加稳定、安全的液体燃料，来代替易燃易爆的氢气，作为未来燃料电池的新能源形式。

坚定信心，人类终将通过自身努力全面进入绿色能源时代！

1. 锂金属电池之所以不能反复充电，是因为在充电时会产生什么而造成危险？

2. 三元锂电池指的是哪种锂离子电池？

3. 哪种锂电池将会是锂电池发展历程中的第三次革命？

4

我们走在大路上

人类正以史无前例的速度行驶在通向美好未来的宽广"道路"上，凭借我们的智慧，人类定能披荆斩棘，走向文明的新高峰。

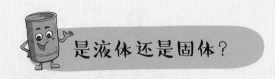

是液体还是固体？

在本书第一章中我们已经讲过，石油经过常压蒸馏后，会将里面含有的汽油、煤油、柴油等轻质燃料分离出来，剩下的"油渣"就是重油。人们试图利用有序介孔材料等高端催化材料，将重油转化为小分子的轻质燃料，从而提升重油的使用效率，但是这并不意味着在有序介孔材料出现之前，重油就无法进一步利用。

由于重油中的碳氢化合物分子量较大，在常压条件（约 100 kPa）下已经无法继续进行有效的蒸馏。但是，当压力降低使得碳氢化合物沸点下降时，重油便可以进一步得到提取。这种降低压力进

一步蒸馏的过程就是减压蒸馏。在温度 380 ~ 400℃，压力 2 ~ 8 kPa 的条件下，重油便可以继续提炼出润滑油、石蜡等产品。而最终剩下的减压蒸馏"油渣"就是沥青。沥青虽然是石油提炼后的"废物"，但是当人们发现沥青可以用来铺设公路后，立刻对沥青刮目相看。随着对沥青认识的不断加深，人们发现沥青原来并不简单。

沥青是一种由较大分子量的多种碳氢化合物及其含硫、含氮衍生物所组成的黑褐色黏稠状液体。我们在前面已经讲过，石油中的碳氢化合物的熔点和沸点会随着分子量的增大而升高。沥青作为一种较大分子量碳氢化合物的混合物，其中既含有高黏度的液态碳氢化合物（胶质），又含有硬而脆的固态碳氢化合物（沥青质），而沥青作为混合后的产物，可以看作是沥青质稳定分散于胶质所形成的胶状分散体。当然，沥青的液态属性确实非常不突出，因为它的黏度实在太大，尤其是沥青质含量较高的沥青，在常温条件下体积和形状都偏向固定，而这些都是固体的性质。

为了确认沥青到底是液体还是固体，1927 年，澳大利亚昆士兰大学的托马斯·帕内尔教授进行了一项人类科学实验史上的著名实验——沥青滴落实验：他将沥青放置在漏斗内部，先堵住漏斗出口加热使沥青拥有流动性，然后再让其自然冷却三年，使其各项物理性质彻底稳定，接着就打开漏斗出口，静静等待它的滴落。时至今日，这项已经持续 97 年的实验仍在进行中，人们甚至可以通过网络直播来观察沥青的滴落。在过去近 100 年的时间里，漏斗内的沥青共滴下了 9 次，目前正处于第 10 次的滴落周

在近 100 年的时间里，漏斗内的沥青共滴下了 9 次，目前正处于第 10 次的滴落周期。我究竟是液体还是固体呢？

1927 年，由澳大利亚昆士兰大学托马斯·帕内尔教授设置的沥青滴落实验装置。

期。虽然整个实验看起来相当乏味，但是这项实验却彰显了人类严谨的科学精神，同时也实实在在地证明了沥青确实是一种液体。为此，2005年，沥青滴落实验还获得了"搞笑诺贝尔物理学奖"。不过，想到我们开车行驶在宽阔的沥青柏油路面，真实情况却是行驶在高黏度的液体上面时，这件事情本身也确实有些搞笑。

当然，随着沥青温度的升高，其液态属性就会越来越明显，表现为黏度的逐渐降低。而流动性的逐渐升高，从宏观上来看就是沥青发生了"软化"，这也是在炎热的夏天，沥青道路更容易被大货车压出轮胎的印迹，而到了冬天，沥青路面则更容易发生脆性开裂的原因。

沥青"冬脆夏软"的特性实际上是它作为铺路材料的一个缺陷，因此，当沥青应用于公路铺设时，人们还同时会向沥青中加

入一定比例的碎石、粗砂和细砂，以提供路面所需要的强度。这种沥青与石料的混合材料被称为沥青混凝土。如果在沥青混凝土中再加上一定量的塑胶成分，如丁苯橡胶、SBS 树脂（苯乙烯–丁二烯–苯乙烯嵌段共聚物）、EVA 树脂（醋酸乙烯酯–乙烯共聚物）和三元乙丙橡胶（乙烯–丙烯–非共轭二烯烃共聚物）等，可以加强沥青与石料之间的粘接强度。这种改性的沥青混凝土就拥有了超强的抗疲劳能力，并且可以有效抑制层面推移和开裂。

随着人们对道路建设的要求日益多样化，人们开始尝试在沥青中加入各种创新材料以适应不同的需求。例如，加入自愈合微

胶囊制作出自我修复的沥青道路，加入相变储能胶囊制作出防过热沥青道路，加入玻璃砂制作出高反光夜视沥青道路，加入纳米黏土、碳纳米管等纳米颗粒制作出高耐疲劳沥青道路，等等。

虽然将大量的石油余渣作为沥青用于道路铺设看似是对石油资源的一种变相浪费，但是沥青道路却实实在在地极大推动了人类社会的发展。俗话说"要想富，先修路"，沥青就为人们追求富足生活铺设了光明大道。

盛满沥青的"湖"——彼奇湖

我们对于湖泊中盛满了湖水已经习以为常，但如果湖泊中装满了沥青呢？

位于中美洲加勒比地区的岛国特立尼达和多巴哥，就拥有世界上最大的天然沥青湖——彼奇湖。彼奇湖的面积为41公顷，最深处约64米，已探明沥青储量约1500万吨。为什么在这个不起眼的岛国会有这么一个神奇的沥青湖呢？这就与其特殊的地质环境密切相关了。

彼奇湖位于中美洲加勒比地区的岛国特立尼达和多巴哥

特立尼达和多巴哥国本身就拥有丰富的油气资源，它是全球第六大油气资源生产国。由于特立尼达和多巴哥的地震、火山喷发等地质活动十分频繁，地下的原油很轻易地就会随着地质运动涌出地面。涌出的石油中那些轻质物质会逐渐挥发，而剩下的难挥发的大分子碳氢化合物携带着地面泥沙，直接形成了类似沥青混凝土的物质。因此，彼奇湖的沥青只需要稍作加工便可以用于道路铺设，并且它铺设的道路坚固、稳定。彼奇湖每年可以产出约3万吨天然沥青，几乎全部用于出口，为当地居民带来了巨大的经济收入。即便是远在半个地球外的中国，也是彼奇湖沥青的使用者。北京东二环、首都国际机场、成渝高速公路、香港海底隧道等一系列国家重大工程都使用过彼奇湖的天然沥青。这座沥青湖也不断见证着中国与特立尼达和多巴哥两国日趋深厚的友谊。

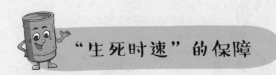

"生死时速"的保障

　　广阔的道路可以让我们奔向梦想的远方，但无论速度多快都要以安全为第一。否则，梦想的旅程就会变成一个个"生死时速"。加一道保险，在危急的时候刹刹车、减减速，才能确保我们安全到达梦想的彼岸。人们对出行安全的需求从刹车材料的不断迭代中得以彰显。

开得快不一定是本事，
能刹得住才会安全！

　　刹车材料的核心性能要求是高硬度和耐热衰退性。高硬度让刹车材料更耐磨损，从而提升其使用寿命，而耐热衰退性则赋予刹车材料更持久的刹车性能。目前，最广泛应用的刹车材料为树脂基复合材料和金属粉末材料。树脂基复合材料在制动过程中较为平顺且安静，但其主要成分为有机高分子材料，硬度较低且耐热性较差，刹车过程易造成摩擦损耗和热烧蚀损耗，因此，只能应用于制动要求较低的小型车辆。金属粉末材料是由铜粉和铁粉在高温下烧结而成的合金材料，金属铜的导热能力强，有助于刹车片散热，而金属铁的硬度高，有助于提升刹车片的寿命，因此，铜铁粉末合金刹车材料广泛应用于大型车辆、高铁列车、飞机等严苛的制动场景。

但金属刹车材料制动时产生的噪声较大，更为严重的是，虽然金属刹车材料熔点较高，但依然存在一定的**热衰退现象**，这意味着在长时间刹车导致刹车片温度上升后，刹车片的制动能力会有一定程度的下降，我们偶尔能在较为陡峭的山路上看到大货车司机给车轮浇水，车轮则不断冒出烟雾，这其实是在给刹车片降温。之所以铜铁合金存在热衰退，是因为在刹车片的制作过程中，我们不得不掺入另一个重要的金属组分——锡。金属锡可以增加铜铁合金的加工流动性，调节合金的塑性和硬度，提高刹车片的冲击韧性，从而提高刹车片的综合性能。但是金属锡的熔点只有231℃，当刹车片过热时，其中的少量锡便会熔化析出，进而在刹车片表面形成一层"润滑膜"，降低了摩擦系数，导致制

我们偶尔可以看到在陡峭山路上有司机给大货车车轮浇水的场景。这是在给刹车片降温。

由锡形成的润滑膜

动突然失效。因此，开发具有更高安全性能的刹车材料一直是交通运输领域发展的痛点。

随着碳系材料的发展，人们意识到刹车材料要迎来新的革命了，这就是碳－陶复合材料。顾名思义，碳－陶复合材料由两部分组成："碳"指的是碳纤维，"陶"则指的是碳化硅陶瓷。碳纤维材料具有出色的化学稳定性和力学性能，它耐酸、耐碱、耐盐雾，就算放入"王水"中也不会发生反应。更为可贵的是，碳纤维具有比钢材更高的强度和比铝材更低的密度，一根手指粗的T1000碳纤维材料就可以拉动两架飞机。如果在"钢筋铁骨"的碳纤维上再化学沉积硬度极高且极其耐热的碳化硅陶瓷，这种超

耐强酸　高强度　比铝轻　耐高温　耐强碱　耐盐雾　正四面体结构强度高　碳－陶复合材料刹车片

强复合材料就是中国大幅领先全球的黑科技刹车材料——碳—陶复合材料。在晶体结构层面，碳化硅晶体与金刚石晶体都为正四面体构型的原子晶体，这种致密的晶体结构赋予了碳化硅媲美金刚石的硬度，以及超过 1650℃ 的耐热温度。由于没有添加金属锡，碳—陶复合材料即使承受极高的温度也不会发生热衰退现象，而其超强的硬度又使得碳－陶复合刹车材料经久耐用。因此，碳－陶复合材料必将助力新一代中国高铁和中国飞机实现巨大的飞跃。

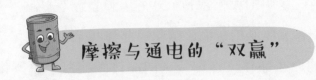

摩擦与通电的"双赢"

如果说刹车材料的作用是给交通设备提供摩擦阻力，从而保证行驶安全的话，那么在更多的场景中，人们则需要润滑材料来减少摩擦，进而实现交通设备的快速运动。

大家有没有想过，当我们的高铁以 350 km/h 的速度高速行驶时，由于需要通电，高铁车顶的电弓和电线之间也是以 350 km/h 的速度相互摩擦，那么，为什么没有出现电弓被磨坏，或者电线被磨断的情况呢？其实，在这么高的速度下，材料的摩擦损耗是

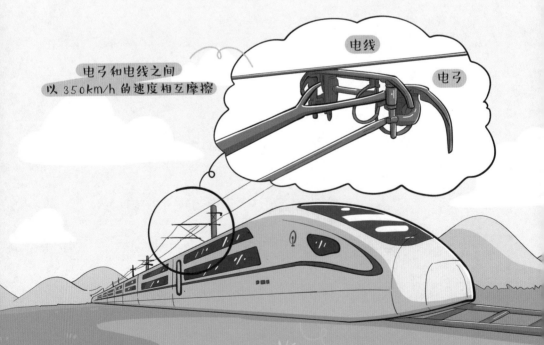

电弓和电线之间
以 350km/h 的速度相互摩擦

电线

电弓

高铁在以
350km/h 的速度高速行驶

极其严重的。因此，我们如何解决高铁与电线之间，既需要高速接触摩擦，又要保证相互不被摩擦破坏的问题呢？这时，我们日常生活中看似毫不起眼的石墨，帮助人们解决了这一重要的工程难题。

石墨是一种碳单质，也就是只由碳元素组成的物质。孩子们日常写字用的铅笔笔芯的主要成分就是石墨。不过，碳单质并不只有石墨，前面讲到的金刚石也是一种碳单质。但是金刚石和石墨无论从哪个角度来看，好像都没有什么联系，它们的差异到底在哪里呢？

从微观的角度讲，金刚石和石墨的根本差异在于碳原子之间形成化学键的方式。每个碳原子在组成碳单质的时候都会形成四个共价化学键，而这四个共价化学键可以分为两类：一类是头对头的 σ 键，另一类是肩并肩的 π 键。如果四个共价键全部为 σ 键，则形成的碳单质就是金刚石；如果四个共价键中三个为 σ

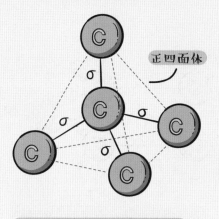

金刚石中碳原子之间的 σ 键

键，而另外一个为 π 键时，形成的碳单质主要就是石墨。对于金刚石来讲，由于碳原子之间形成的 σ 键都是相同的，因此所有的 σ 键就可以均匀舒展地排布在空间中，以达到热力学上的最稳定状态，从而形成正四面体构型。在这种结构中，碳原子位于每个正四面体的体心和顶点上。这种高度交织的立体微观晶体结构赋予了金刚石极其坚硬的物理性能。

对于石墨而言，由于每个碳原子只形成了三个 σ 键，因此这些 σ 键均匀排布的方式就变成了等边三角形，碳原子位于等边三角形的中心和三个顶点。由于等边三角形是一个平面图形，因此石墨中的碳原子都是一层一层排列的，而层与层之间并没有化学键连接，所以非常容易滑动，这就使得看似硬邦邦的石墨，却在工业上成为了一种极佳的润滑材料。高铁的电弓与电线之间就放置着一块特制石墨，利用石墨的润滑特性，大大降低了电弓与电线之间由于高速摩擦而产生的物理磨损。

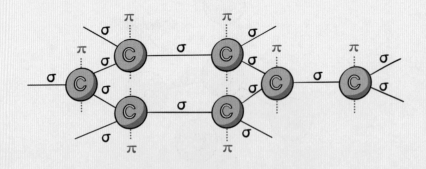

石墨晶体结构中的 σ 键和 π 键

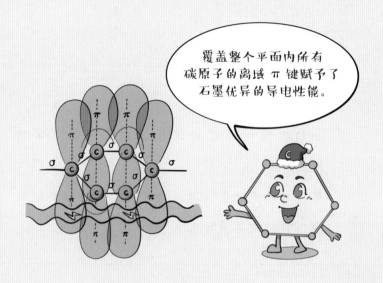

覆盖整个平面内所有碳原子的离域 π 键赋予了石墨优异的导电性能。

　　更加令人欣喜的是，石墨本身就具有良好的导电性，因此它的存在也不会影响电弓和电线之间的通电。不过这里大家可能就要好奇了：石墨也不是金属材料，为什么会拥有优异的导电特性呢？这就要归功于石墨中存在的那个 π 键。由于这个 π 键是垂直于碳原子等边三角形所在的平面，因此在碳原子形成石墨层的时候，处于同一层的所有碳原子的 π 键便会"肩并肩"地侧向重叠，形成一个覆盖整个平面的超大 π 键，也叫作离域 π 键。我们知道，原子之间共价键的本质是原子核外电子云的相互重叠，因此离域 π 键内的电子便可以在整个离域 π 键内自由移动，最终成就了石墨优异的导电性能。

　　人类发展的征途是充满挑战的，但人们冲向美好未来的信心是不可动摇的。我们正以前所未有的速度行驶在通向美好未来的宽广"道路"上，凭借勤劳与智慧，我们定能披荆斩棘，走向文明的新高峰。

1.沥青是液体还是固体?

2.目前综合性能最为优异的刹车材料是哪种材料?

3.高铁车顶的电弓和电线之间放置着一块什么材料?它的作用是什么?

5

海水能"载舟"亦能"覆舟"

探寻大海的梦想需要航船来承载，但是大海宽广的背后隐藏的却是它的脾气与怒吼。

航海之困

　　海洋浩瀚无垠，人们不仅赞叹着大海的雄伟与美丽，同时也期许着远方的世界。可能正是这种期许，激励着人们踏上旅程，远赴重洋，探寻未知与梦想。

　　梦想的探寻需要航船来承载，然而，船舶远航却存在着它特有的风险。大海宽广的背后隐藏着它的脾气与怒吼。

　　海洋对船舶的侵蚀是非常严重的。一方面，海洋中栖息着大量生物，例如海藻、藤壶等，这些生物会在船舶表面附着聚集，进而在船舶的水下部分形成大量的"生物污垢"。这些"污垢"不但会分泌胶质，对船体进行化学腐蚀，同时海洋生物的大量堆积还会改变船舶的流体力学外形，增加航行阻力，导致航行需要燃烧更多的燃料。另一方面，海水中含有大量盐分，盐水具有非常好的导电特性，这种导电性会促使船体材料发生各类电化学腐蚀，极大地缩短船体的使用寿命。因此，如何能够让船舶安全、长久地在大海中航行，其实是一个巨大的挑战。

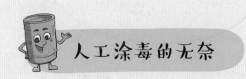

人工涂毒的无奈

　　大家有没有想过，无论是远洋邮轮还是远海军舰，它们吃水线以下的部分往往被涂成了红色，这是为什么呢？

　　美国海军研究所曾对长期航行后的船舶表面聚集的海洋生物种类进行过统计，发现竟然有高达4000多种海洋生物附着，生物侵蚀的情况触目惊心。而早期的船舶往往为木质结构，木船所

各色TBT涂料

受到的藤壶和食木蠕虫等生物的侵蚀情况则更为严重。为了应对生物侵蚀，人们便尝试在船舶表面的水下部分涂覆有毒的防污涂料。这种涂料的主要成分是氧化亚铜（Cu_2O），它是一种在农药中常见的低毒杀菌剂。人们通过将氧化亚铜、氧化汞（HgO）这些红色的有毒物质制作成油漆，再将其喷涂在船舶表面，以有效地阻止海洋生物的附着与繁殖。这样，船只便得到了保护。

现如今的船舶虽然大多采用不锈钢材质，不用担心食木蠕虫的侵害，但其他海洋生物的威胁依然存在。进入 21 世纪后，含三丁基锡（TBT）的高效防污毒性涂料曾占了全球 70% 以上的涂料市场份额。虽然这种涂料可以调配成各种颜色，但是为了保持航海传统，便依然选择将涂料调配成红色。不过话又说回来，红色涂料与海水的颜色可以形成鲜明对比，这样可以很容易地观察到大型船舶的吃水线，有助于评估船舶的载荷状态。

研究表明，三丁基锡的浓度仅需达到 20 ng/L，就可以造成海洋生物的畸形发育。虽然这种涂料能够有效控制海洋生物的侵蚀，但也给海洋环境造成了巨大的毒害，间接威胁着人类健康。因此，2001 年，国际海洋组织制定了《国际控制船舶有害防污底系统公约》。该公约规定成员国停止新造船舶涂装 TBT 防污涂料，并禁止涂装有 TBT 防污涂料的船舶通行。我国于 2011 年 3 月 7 日正式加入该公约，并彻底禁止了 TBT 防污涂料的使用。目前，约 80% 的海洋防污涂料退而求其次，又回到使用氧化亚铜。专业机构预估，到 2025 年，全球船用防污涂料的使用量将达到 530 万吨。鉴于此，无毒船舶防污涂料的研发已经成为各国竞相开展的课题，因为这背后存在巨大经济利益的驱使。

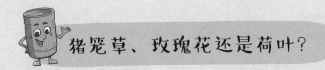
　　要使防污涂料在无毒条件下阻止生物的附着与侵蚀，那就不能只想着如何杀死海洋生物，而是要换个思路，去想想如何才能让生物"不愿意"附着在涂料上。其实，神奇的自然界已经给我们提供了多种"难以附着表面"的样板，这些样板都有一个共同的特点，那就是超疏水。生活中，如果我们将水滴在蜡的表面，大家就会发现，水不会铺展成水膜，而是收缩成一个球形的水滴，并且十分容易掉落，这就是所谓的"疏水效应"。其实，水

"不愿意"附着的表面，海洋生物同样不愿意附着，这是因为疏水表面可以通过水流的简单冲刷而实现自我清洁，因此，生物附着也同样会因为水流冲刷而实现轻易地脱附。

人们首先发现了猪笼草表面的独特疏水效应。当昆虫落在猪笼草虫笼边缘时，它们无一例外地会掉进虫笼，很难飞出逃生。研究人员对虫笼进行研究后发现，它的内壁分泌有疏水的蜡状黏液，并通过表面的微观凸起被牢牢地锁住，从而始终让虫笼内部保持润滑且疏水的状态。受猪笼草的启发，研究人员首先将船舶涂料喷涂成粗糙表面，然后将含氟硅油等疏水润滑液注入涂料所形成的孔隙，从而形成难以附着的超滑疏水表面，这样海洋生物便无法附着。但是研究人员也同样发现了超滑疏水表面的缺陷，那就是随着船舶的航行，润滑液会逐渐从涂料内部扩散脱离，导致超滑疏水表面快速失效。因此,制备稳定贮存润滑液的多孔粗糙结构,让防污涂料长期服役,依旧是一个巨大的挑战。

既然润滑液无法长期储存,那么能否不使用润滑液而实现表面的超疏水呢?答案是肯定的。人们关注到了红玫瑰花瓣。红玫瑰花瓣拥有自然界中另一种超疏水表面,其表面均匀分布着大量微乳突结构。微乳突本身不疏水,但是其内部却包裹了大量的空气,从而形成了空气气垫。空气本身就是一种超疏水物质,因此我们就会看到当水滴接触红玫瑰花瓣时,水滴依然会收缩成球形,但是由于微乳突的存在,这些水滴却被吸附"铆接"在了花瓣表面,不易滚落,产生了一定的水黏附效应,这就是"玫瑰花效应"。"玫瑰花效应"告诉我们,空气气垫可以替代蜡状疏水物

空气气垫

水珠

空气 空气 空气

玫瑰花瓣上的水滴不易滚落

微乳突结构

质。但是要做到完美的超疏水效果，我们需要对微乳突进行改造，从而消除水的黏附。

　　"出淤泥而不染"的荷叶完美地做到了这一切，成为各类超疏水表面的"集大成者"。荷叶表面的超疏水特性来自蜡质层和微—纳乳突结构的协同作用。一方面，微—纳乳突形成的气垫有效阻隔了水滴与荷叶表面的直接接触，形成了空气疏水层。另一方面，荷叶表面的蜡质消除了微—纳乳突对水滴的"铆接"，使得水滴既能收缩形成球形，又可以轻易地从荷叶表面滑落，完美实现了自清洁的"荷叶效应"。

　　既然无毒防污涂料发展的技术方向已经明确，我们为什么目前还不能有效地应用呢？问题依旧出在防污的耐久性上。要想赋予涂料的超疏水"荷叶效应"，就必须在涂料表面构筑精细的微－纳结构，但是微—纳结构非常脆弱，经过水流冲击及水中沙石的刮擦，很容易遭受不可逆的破坏；同时，涂料中含有的类似蜡质的疏水物质会受到自然侵蚀作用，发生部分官能团的取代反应，从疏水变为亲水，进一步破坏了涂料的超疏水特性。因此，我们目前还无法大规模地应用具有"荷叶效应"的超疏水防污涂料。不过，不断突破技术难关是人类发展的源动力，相信这一天很快就会到来。

分子极性与超疏水

从前面的介绍中，我们会意识到一个有趣的问题：为什么蜡质具有疏水特性？为什么水滴在超疏水物质形成的表面会呈现球形呢？要解答这些问题，我们需要系统了解一下物质的界面特性。

我们知道，水是由一个个水分子构成的，而水分子之间存在着各种吸引力，如氢键作用、范德华力等，因此水分子的排列是非常紧密的。对于水内部的水分子而言，周围水分子对它产生的各个方向的吸引力较为均匀，最终使得这个水分子会倾向于原地不动，就好像一个人拉你的左手，另一个人拉你的右手，你也会原地不动一样。

但是，对于水与空气界面的那层水分子来说，情况可就不同了。它只会受到下面一层水分子的吸引，而它的上面是空气，没有水分子。由于空气分子的分子极性较低，而水分子的分子极性较高，这样就会使得空气分子对水分子的吸引力非常弱（空气是一种超疏水物质的原因）。最终，这会导致水—空气界面上的水分子被拖拽着向离开空气界面的方向移动。

可是，总得有一部分水分子是必须与空气界面接触的，这时就只能让水与空气的界面尽可能地小，让尽可能少的水分子处于交界面上，从而满足水分子"不愿意"待在交界面上的愿望。所以，空气中的水滴往往都是呈现表面平整光滑的球形，因为这样的形状表面积是最小的。

明白了这一点，大家就可以解释为什么水中的气泡也呈现出表面平整光滑的球形，这个现象与水滴在空气中呈现球形的原理是完全一样的。

而蜡质与空气非常相似，蜡质的分子极性同样很低，使得蜡质分子与水分子之间的作用力同样很弱。因此，当水被滴在蜡质上时，我们完全可以将蜡质看作空气，所以水滴依然保持了球形。当然，如果水被滴在一个分子极性较高的物质表面（例如玻璃）上时，由于玻璃与水的分子间作用力比较强，水就不会倾向于减小界面，而是倾向于扩大界面，最终呈现的就是水会铺展在玻璃上形成水膜，而不是蜷缩为一个球形。

这样我们就明白了：分子极性低的物质呈现出疏水性，而分子极性高的物质呈现出亲水性。

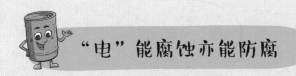

"电"能腐蚀亦能防腐

在《建筑中的化学》第4章中，我们详细介绍了金属铁的电化学腐蚀原理。从本质上说，铁生锈是铁与空气中的氧气发生氧化还原反应，从而生成氧化铁的原电池放电过程。现代不锈钢材质的大型船舶在海水中航行时，由于不锈钢具有过硬的防腐性能，本身是不会与氧气进行反应的。但问题是，海水中存在着大量氯离子（Cl⁻），这些氯离子会分别与不锈钢中的铁元素和铬元素发生反应，促进了氧气与不锈钢之间的锈蚀反应。当然，通过涂覆防腐涂料可以一定程度地延缓船体的电化学腐蚀。但不巧的是，防腐涂料本身依然会被海水腐蚀。因此，我们需要从电化学腐蚀的根源出发，来抑制腐蚀的发生。

人们首先想到，如果实在阻挡不住电化学腐蚀发生的话，我们其实可以在船舶上放置一块比船体不锈钢更为活泼的金属，如金属锌（Zn）。当电化学腐蚀发生时，锌块会优先于船体不锈钢被腐蚀，等锌块被彻底腐蚀后，才会开始进行船体的腐蚀，到了那个时候，我们只要再更换一块新的锌块，就可以继续保护船体了。这样，我们就通过牺牲锌块，实现了对船体的保护，而这个锌块就被称作"牺牲阳极"。

海水中的
大量氯离子

金属锌优先船体
被海水腐蚀

当然，既然电化学腐蚀的本质是发生了原电池反应，那么我们还可以通过在船上安装另一个保护电池来抑制或对冲掉腐蚀原电池，也就是在船体上施加一个与原电池腐蚀电流方向相反的保护电流，进而从根本上实现对船体的防腐。根据这个原理，我们就可以明白，船体一定要连接在保护电池的负极上才能起到抑制腐蚀的作用。

讲到这里，不妨请大家试想一下：如果我们不小心将船体与保护电池的正极相连接，会发生什么现象呢？没错，在这种情况下，保护电池所形成的电流与船体原电池的腐蚀电流方向一致，那么保护电池会摇身一变，成为"腐蚀电池"，进一步加快船体的电化学腐蚀速度。因此，船体与保护电池之间的电极连接是绝对不能出错的，否则就会"好心办坏事"，给海洋航行带来巨大的安全隐患。

"水能载舟，亦能覆舟"这一出自《荀子》的名句，曾被唐朝名臣魏征用来劝谏唐太宗要爱护百姓，因为百姓可以支持皇帝，同样也可以推翻皇帝。我们对海洋的利用也是一样，海洋赐

"水能载舟，亦能覆舟。"

魏征

唐太宗

予人类无穷的资源，让人类的发展充满希望，但如果我们无视海洋本身存在的风险，同时不断破坏海洋的生态环境，那么海洋也会对人类施加无尽的惩罚。

1. 制造海洋防污涂料时添加的有毒组分有哪些物质？

2. "玫瑰花效应"和"荷叶效应"有什么不同？

3. 海水中大量存在的什么离子造成海水对钢铁的腐蚀性更强？

6

踏上"流浪"宇宙的
征途

人类未来的发展梦想可不仅局限在地球这个小小的星球上，而是要实现在宇宙中的星际穿越。

人类未来的发展梦想可不仅局限在地球这个小小的星球上，而是要实现在宇宙中的星际穿越。

1935 年，爱因斯坦和罗森利用广义相对论提出了宇宙空间中存在"连接两个不同时空区域的狭窄隧道"，即"爱因斯坦－罗森桥"，也就是大名鼎鼎的虫洞。通过虫洞，我们理论上可以在短时间内实现星际穿越。不过，到目前为止，虫洞还只是个理论上的预言，能否最终成真，我们还不得而知。立足现实，人类还是需要通过高速运动来为未来的星际航行做好准备。

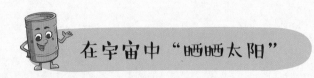

在宇宙中"晒晒太阳"

宇宙探索最重要的就是能源，没有能源就无法维持航天器的高速运行和各类探测设备的正常使用。恒星释放出的光能是宇宙空间中最容易获取的能量来源之一，而半导体材料（例如单晶硅）则可以帮助我们很容易地利用它们。

人们通过将不同种类的元素（如磷元素 P 或硼元素 B）掺杂进半导体材料，以制作出带有自由电子的 N 型半导体或带有电子空穴的 P 型半导体。当我们将 N 型半导体和 P 型半导体拼接在一起时，N 型半导体的自由电子就会自发地向 P 型半导体的电子空穴扩散，当扩散达到平衡状态时，就形成了 PN 结。PN 结是一种在集成电路中非常重要的材料结构，它不但具有电流的单向导通作用，更为神奇的是，当 PN 结受到光照时，其结构中的部分电子就会被光激发出来，从而打破原先自由电子与电子空穴已经形成的电子扩散平衡，导致在 PN 结中又重新产生了电子迁移的趋势。这种趋势便形成了光伏电压。如果此时将 PN 结的两端用导线相连，就会有电流通过，这就是太阳能电池的发电原理。

目前，人类在光伏发电中应用最为广泛的半导体是硅半导体，尤其是单晶硅，它拥有高达 24% 的光电转化效率。但是单晶硅用于光伏发电时需要拥有较大的体积与重量才能达到较高的发电效率，这成为其在航天领域应用的最大弊病与隐患。同时，单晶硅半导体在弱光下无法发电，且在高温下的发电效率也会显著降低，这进一步约束了单晶硅在航天领域的应用。

为了解决这些问题，人们找到了其他类型的半导体材料，如碲化镉（CdTe）与砷化镓（GaAs）。

碲元素（Te）是一种在地球上相对稀有的非金属元素，它的储量甚至比金元素（Au）还要低。其实，碲元素在宇宙中并不罕见，科学家们推测，这可能是因为在地球形成初期，地球上缺少水和氧气，此时碲元素会与氢元素结合，形成易挥发的碲化氢（H$_2$Te）气体，从而"逃离"地球进入太空。人们通过使用 P 型碲化镉半导体与 N 型硫化镉（CdS）半导体，制作了新一代光伏发电装置——碲化镉太阳能电池。在这里，大家可能会有一个担忧：碲元素在地球上储量稀少，会不会导致碲化镉太阳能电池的成本过于巨大，且产量无法满足人类远期的航天应用需求呢？

这一点大家大可不必担忧，因为碲化镉电池具有一项硅电池无法比拟的优势。碲化镉材料具有强大的光吸收能力，我们只需要在基材上沉积几微米厚的碲化镉薄膜，就可以在微弱的光照下实现光伏发电。因此，航天器应用碲化镉薄膜光伏电池，不仅可以极大地减少自身重量，还可以在航天器光照不足或者照射角较小的条件下依然保持发电能力。其实，碲化镉电池已经在玻璃幕墙建筑上得到了广泛应用。据测算，一平方米的碲化镉玻璃每年就可以发电近 200 度，几千块这样的玻璃所产生的电量，就相当

于一口普通油井一年产油所能转化的发电量，堪称"挂在墙上的油田"。北京冬奥会场馆"冰丝带"的曲面玻璃幕墙就大量使用了碲化镉薄膜"发电玻璃"，成为"绿色冬奥"理念的又一完美体现。

相比于碲化镉电池，砷化镓电池的成本是最高的，但是，砷化镓半导体的最大光电转换效率可高达 30%。人们进一步通过 N 型砷化镓层、P 型砷化镓层、N 型砷化镓层三层叠加的方式，制作出三结砷化镓太阳能电池，它的光电转化效率甚至可以达到惊人的 40%。砷化镓同样可以制作柔性薄膜光伏材料，从而大幅降低应用成本。我国的天宫空间站、嫦娥五号探测器都已经全面采用了柔性三结砷化镓太阳能电池，它们还会在将来为我国空间探测事业作出更大的贡献。

　　镓元素在地壳中的储量同样非常低，且分布十分分散，故而镓元素很难单独进行提纯，往往是其他金属矿物提取之后的副产物。例如，在自然界中，镓元素常以微量分散在铝土矿中，氧化铝的生产会产生大量的废弃物——赤泥。由于赤泥中含有铁元素，故而呈现红色，同时赤泥中也含有较高含量的镓元素，让它成为最好的"镓矿"。中国的镓元素储量位居世界第一，占全球储量的近70%。中国同样也是镓产品的第一大生产国，产量占据全球的90%以上，中国真可谓是镓元素的"家"。由于镓元素在航空航天领域过于重要，自2023年8月1日起，中国政府基于国家安全考虑，对镓元素的相关产品实施了出口管制。

碲元素有放射性，危险吗？

在自然界中，大约有三分之二储量的碲都是带有辐射性的放射性同位素。那么，使用碲化镉电池会很危险吗？实际上，碲的放射性同位素的半衰期长得惊人。其中 Te-130 的半衰期为 8.2×10^{20} 年，Te-128 的半衰期更是长达 2.2×10^{24} 年。根据半衰期推算，1 克纯的 Te-128 所包含的全部碲原子中，要经过 600 多年才会有一个原子发生衰变。因此，碲元素的放射性非常微弱，对人体不会造成任何辐射伤害。

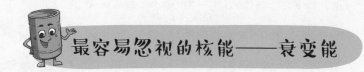

最容易忽视的核能——衰变能

在深空进行探测或旅行时，探测器往往与任何一颗恒星都相距甚远，这样就会导致光照严重不足，进而限制太阳能电池的使用。相比之下，核能具有非常高的能量密度，并且使用起来不会受到位置限制，因此被认为是深空探测的理想能源。但是，核能的可控利用往往具有极高的难度。例如，原子弹与氢弹就是核裂变能与核聚变能的不可控利用形式。

可大家经常容易忽略的是，核能还存在第三种形式，并且使用起来相对简单，那就是核衰变能。在元素周期表中，越靠后的

元素，其原子核内的质子与中子的数量往往也越多，而质子与中子的增多就会导致整个原子核的稳定性不断下降。较重的原子核会通过 α 衰变（释放 α 射线，即释放氦原子核）、β 衰变（释放 β 射线，即释放电子）或 γ 衰变（释放 γ 射线，即释放高能电磁波）的方式，来让自身逐渐稳定。从本质上来说，原子衰变进而产生放射性的过程就是在释放能量，释放出的就是核衰变能。如果能将这部分能量利用起来发电，那么，人类就掌握了一个极其持久且不受光照约束的稳定能量来源。

1823 年，德国科学家托马斯·塞贝克发现，当我们加热某些材料的一端时，这个材料的两端便可以因为温差而产生电压，这就是由热直接生电的塞贝克效应。在众多材料中，只有少数几种可以产生塞贝克效应，而前面讲到的含碲半导体，特别是碲化铋（Bi_2Te_3）半导体，是目前应用最广的一类热电材料。

塞贝克效应给了人类利用放射性元素衰变来发电的理论依据，人们利用这一原理制作了放射性同位素温差电池，也被称为核电池。人们首先在碲化铋半导体中掺杂锑元素（Sb）或硒元素（Se），从而形成 P 型或 N 型碲化铋半导体，并将这两种半导体分别作为核电池的两个电极；然后将放射性同位素（如钚 -238、钋 -210、锶 -90 等）作为热源，给电极的一侧辐射加热，另一侧就可以给电器设备正常供电了。

核电池工作原理

温差电堆

热端

N 型碲化铋
半导体

P 型碲化铋
半导体

冷端　　　冷端

科学家
托马斯·塞贝克

　　美国的"阿波罗号"登月宇宙飞船、"好奇号"火星探测车、"旅行者2号"太空探测器都使用了由放射性钚−238（半衰期88年）作为热源的核电池。其中，"旅行者2号"是人类历史上最伟大的宇宙探测器之一，它是目前为止唯一访问过天王星和海王星的探测器。它已经连续工作了47年，并仍以17千米/秒的速度向太阳系外的星际空间飞行着。随着钚−238的不断衰变，"旅行者2号"内的核电池发电效率已经下降了约30%，美国航空航天局（NASA）调整了"旅行者2号"的电力供应策略，以确保航天器能够正常运行到2026年。

"嫦娥四号"所载的"玉兔二号"月球车

  当然,中国在航天领域也成功应用了核电池技术。2018年,我国自主设计的钚-238核电池成功应用在了"嫦娥四号"所载的"玉兔二号"月球车上,实现了我国核电池的首次空间工程应用,至今仍正常工作。

  核电池可以将放射性元素衰变所产生的热能直接转变为电能,这种简单可靠地利用核能的方式,无疑是未来宇宙探索理想的能量来源。

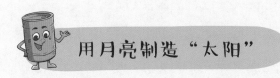

用月亮制造"太阳"

在宇宙探索中，核衰变能可以维持一些探测设备的正常运转，但是作为未来人类星际穿越的航天器动力来源，甚至是作为推动整个地球在宇宙中运动的动力来源，核衰变能便力不从心了。这时，可控核聚变能就成为我们无论如何也绕不开的话题。

核聚变是目前人类所知的最为高效的能量来源之一，也是太阳燃烧的原理。在科幻影片《流浪地球》中，人类发明的用于推动地球在宇宙中"流浪"的"行星发动机"，便是核聚变发动机。只不过，《流浪地球》的作者刘慈欣很有想象力地将其设计成了可以"燃烧石头"的核聚变发动机。

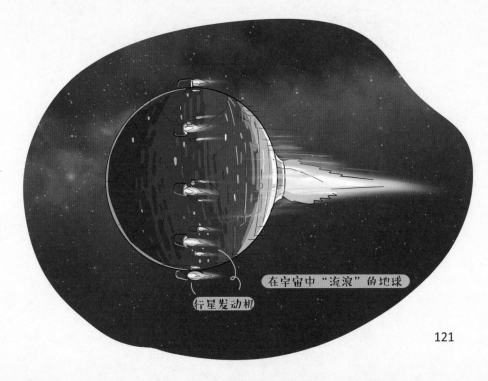

在宇宙中"流浪"的地球

行星发动机

那么，利用石头来进行核聚变可能吗？

只是理论上可行。太阳所进行的核聚变反应是氢元素聚变为氦元素，准确点说，是4个氕原子（不含中子的氢原子）聚变为一个氦-4原子（含有2个中子的氦原子）。这个核聚变反应要想在常压条件下发生，温度需要达到1亿摄氏度以上，不过这个温度凭借人类的科技实力还是可以达到的。而石头中主要含有的是氧、硅、铝、钙等较重的元素，这些元素虽然也能够发生核聚变，但是核聚变需要在更为极端的温度和压力条件下才会发生，这种条件只有在比太阳质量大8倍以上的大恒星中才能存在，人类目前的科技能力完全无法提供。

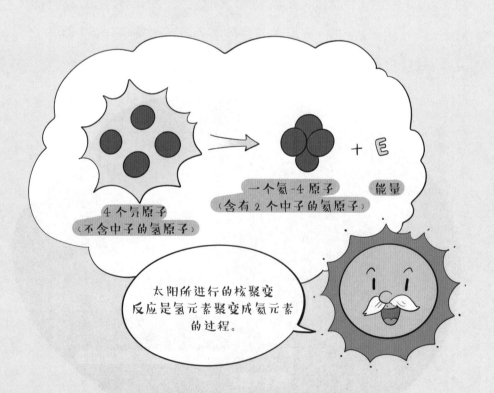

不过，人类找到了另一个合适的核聚变燃料——氦-3（含有 1 个中子的氦原子）。氦-3 其实是太阳核聚变过程中的半成品，它可以与氚原子（含有 1 个中子的氢原子）发生核聚变反应，同样生成的是氦-4。它的聚变条件与前面提到的氚原子聚变条件相似。据测算，仅仅 1 千克的氦-3 核聚变所释放的能量就相当于 20 万吨标准煤的燃烧，而目前全世界每年所使用的能源总消耗量大约相当于 180 亿吨标准煤，也就是说，只需要 100 吨左右的氦-3 用于核聚变，就可以完全满足全人类一年的能源消耗。因此，氦-3 是人类解决能源危机以及未来进行宇宙穿梭的"金钥匙"。

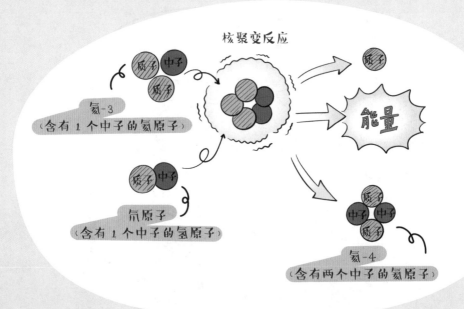

核聚变反应

氦-3
(含有 1 个中子的氦原子)

氘原子
(含有 1 个中子的氢原子)

质子

能量

氦-4
(含有两个中子的氦原子)

　　不巧的是，地球上氦 -3 储量非常稀少。但庆幸的是，月球储存有约 150 万吨氦 -3，这足以保障人类社会上万年的使用。那为什么地球和月球的氦 -3 储量差别如此巨大呢？这就与地、月不同的地质情况息息相关了。

　　前面讲了，氦 -3 是太阳核聚变的半成品，其中的大部分会参与到下一步的聚变反应并形成氦 -4，但也有少部分氦 -3 会脱离太阳的反应区域，形成太阳风（太阳喷射出来的高速带电粒子流）"吹向"四周广阔的宇宙。当然，太阳风会同时吹向地球和月球。但不同的是，由于地球内部拥有一个富含铁、镍等磁性物质的熔融岩浆内核，它所产生的强大磁场会将太阳风驱赶到地球两极。虽然这保护了人类不受太阳风的辐射侵蚀，但大部分富含氦－3 的太阳风也因此与地球失之交臂，很难降落在地球上。而月球却是一个"凉透"了的星球，虽然月球内部也富含磁性物质，但是这些磁性物质失去了流动性，也就无法产生磁场。此时，太阳风便可以毫无顾忌地"吹扫"着月球表面，而月球土壤则贪婪地吸收着丰富的氦－3 粒子。久而久之，便让整个月球成了一个巨大的天然氦－3 矿。

既然有了充足的燃料，人类要想走出地球并踏上星际旅行的航程，剩下的就是要尽快实现可控核聚变技术的突破。2006 年，中国自主建造的新一代热核聚变托卡马克装置（俗称"人造太阳"）——东方超环（EAST）在安徽合肥科学岛首次成功完成放电实验，EAST 也成为世界上第一个建成并真正运行的全超导非

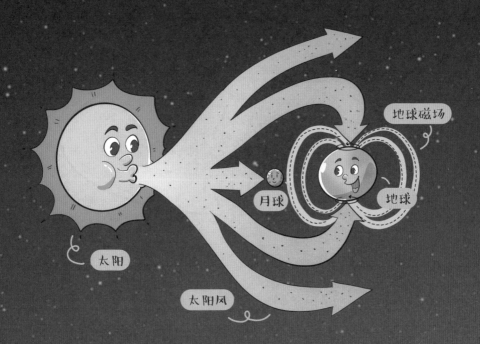

圆截面核聚变实验装置。经过 18 年的优化与改进，EAST 已经累计进行等离子体放电 10 万余次，并创造了 1056 秒长脉冲高参数等离子体稳定运行的世界纪录。与此同时，建设月球基地也已经被列为中国探月工程的重要工作目标，因为只有在月球建立稳定的能源基地，人类才可以实现对氦 −3 的有效利用。

中国已经走在人类探月活动的最前沿。相信凭借中国人的聪明才智和孜孜不倦的进取精神，中国必将成为全人类未来发展的领航人。

而天上那一轮日夜陪伴我们的明月，也终将成为助力人类星际旅行的能量宝藏。

东方超环（EAST）

EAST 成为世界上第一个建成并真正运行的全超导非圆截面核聚变实验装置。

附录：思考题参考答案

第一章
1. 我国北宋时期的大科学家沈括在他的著作《梦溪笔谈》中首次提出"石油"这个概念。
2. 普通柴油是烷烃类化合物，生物柴油是脂肪酸甲酯。
3. 有序介孔材料制作的催化裂化催化剂。

第二章
1. 天然橡胶产自原产于巴西热带雨林的巴西橡胶树，也被称为"三叶橡胶树"。
2. 耐磨性、滚动阻力和抗湿滑性。
3. 通过"液态炼胶技术"生产的白炭黑橡胶轮胎。

第三章
1. 锂枝晶。
2. 三元锂电池指的是正极材料由镍钴锰酸锂制作的锂离子电池。
3. 固态锂电池。

第四章
1. 液体。
2. 碳-陶复合材料。碳-陶复合材料是由碳纤维和碳化硅陶瓷两部分组成。
3. 石墨。石墨既可以起到电弓和电线之间的润滑作用，还可以起到通电的作用。

第五章

1. 氧化亚铜、氧化汞、三丁基锡等。

2. "玫瑰花效应"和"荷叶效应"都是形容物体表面的疏水特性的。疏水且吸附水的表面特性被称为"玫瑰花效应";疏水但不吸附水的表面特性被称为"荷叶效应"。

3. 氯离子。

第六章

1. 三结砷化镓太阳能电池。

2. 德国科学家托马斯·塞贝克发现的塞贝克效应。

3. 氦-3。月球大约储存着150万吨氦-3。